教育科技人才一体化与河南省经济高质量发展

王长林◎著

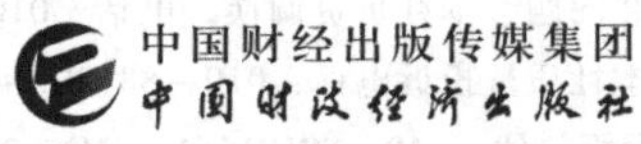

中国财经出版传媒集团
中国财政经济出版社
·北京·

图书在版编目（CIP）数据

教育科技人才一体化与河南省经济高质量发展/王长林著. -- 北京：中国财政经济出版社，2023.12

ISBN 978-7-5223-2643-6

Ⅰ.①教… Ⅱ.①王… Ⅲ.①技术人才-发展战略-研究-河南 Ⅳ.①G316

中国国家版本馆 CIP 数据核字（2023）第 255652 号

责任编辑：潘　飞　　　　责任印制：张　健

封面设计：冷天翔　陈宇琰　　　　责任校对：张　凡

教育科技人才一体化与河南省经济高质量发展

JIAOYU KEJI RENCAI YITIHUA YU HENANSHENG JINGJI GAOZHILIANG FAZHAN

中国财政经济出版社 出版

URL：http：//www.cfeph.cn

E-mail：cfeph@cfeph.cn

社址：北京市海淀区阜成路甲 28 号　邮政编码：100142

营销中心电话：010-88191522

天猫网店：中国财政经济出版社旗舰店

网址：https：//zgczjjcbs.tmall.com

中煤（北京）印务有限公司印刷　各地新华书店经销

成品尺寸：170mm×240mm　16 开　16 印张　215 000 字

2023 年 12 月第 1 版　2023 年 12 月北京第 1 次印刷

定价：68.00 元

ISBN 978-7-5223-2643-6

（图书出现印装问题，本社负责调换，电话：010-88190548）

本社质量投诉电话：010-88190744

打击盗版举报热线：010-88191661　QQ：2242791300

本书为教育部人文社会科学研究规划基金项目（项目编号：23YJAZH152）、河南财经政法大学校级重点项目（项目编号：22HNCDXJ05）的阶段性研究成果之一。

本书为教育部人文社会科学研究规划基金项目（项目编号：23YJA820152）、河南财经政法大学校级重大项目（项目编号：2024NCDXJ05）的阶段性研究成果之一

目录
CONTENTS

第一章　绪　论

第一节　研究背景

一、教育科技人才一体化的内涵及演变过程

党的二十大报告指出，教育、科技、人才是全面建设社会主义现代化国家的基础性、战略性支撑，首次提出教育、科技、人才一体化发展战略，并对它们之间的互动关系进行了集中阐述，凸显了教育、科技、人才在中国式现代化建设过程中的重要作用。教育、科技、人才一体化是指将教育、科技和人才的资源和力量进行整合和协同发展的一种理念。科技是第一生产力、人才是第一资源、创新是第一动力。教育、科技、人才一体化发展，旨在通过教育的创新与发展，科技的持续进步，人才的高质量培养，推动经济的创新驱动和转型升级，加速国家经济高质量发展（郑金洲，2023），为深入实施科教兴国战略、人才强国战略、创新驱动发展战略，开辟发展新赛道，不断塑造发展新动能、新优势。在我国，教育、科技、人才一体化的演变过程大致经历了三个阶段（崔明明等，2023）。

酝酿探索阶段（1978—1998 年）。这一阶段，教育、科技和人才培养主要注重单个领域的发展，各方面的资源和力量相对独立。随着社会的不断发展，更高水平的人才需求开始得到关注，人才培养逐渐成为教育发展的核心目标。在这一阶段，教育、科技和人才之间的关系被重新定义，更多地突出协同发展和互动作用，为后续教育、科技、人才一体化的逐步推进奠定了重要基础。

整体推进阶段（1999—2012 年）。在进入 21 世纪之后，教育、科技、人才一体化的概念逐渐开始崭露头角。在这一阶段，教育、科技和人才的融合被认为是推动创新和发展的重要手段，各方资源和力量开始逐渐整合。通过建立协调、合作、资源共享等平台，促进教育、科技和人才之间的交流与合作，实现优势互补和加强共性，进一步提高教育和科技水平，加速人才的培养。

深化发展阶段（2013 年至今）。党的十八大以后，教育、科技、人才的发展步入一个新的发展阶段。在这一阶段，教育、科技和人才的深度融合和协同发展将成为主要方向。加强教育、科技和人才之间的联系和互动，推动素质教育和综合能力提升，引育和用好人才资源，推进科技进步和产业升级。这将为国家发展提供更加强有力的支撑和动力，使中国在全球范围内更具竞争力和影响力。总之，教育科技人才一体化的发展已经从早期的注重单一领域发展逐步转变为注重综合水平提升、能力培养和资源整合。未来，教育科技人才一体化将推动我国经济社会的更快发展，为国家日益强大的进程注入更大的活力和动力。

二、教育科技人才一体化战略的现实意义

推进中国式现代化实现是新时代教育、科技、人才的共同使命，一体化发展的理念应成为教育、科技与人才工作者的行动指南（王见敏，2023）。教育、科技、人才“三位一体”和统筹推进将为全面实现中国式现代化提供有力支撑（张炜，2023）。

教育、科技、人才一体化是推动经济高质量发展、全面建设中国式现代化的根本手段。科技的快速发展成为国家经济发展的核心动力，人才的培养是技术研发的核心要素，教育则是人才的重要“蓄水池”。教育、科技、人才三方面的有机融合，能够促成完整的科技创新产业链，加速科技成果的转化，提升企业的竞争力和核心竞争力。同时，将科技领域的科学技术与教育和人才结合起来，采取“产孵研”一体化的创新模式，可以带

动经济高质量发展，全面推进我国现代化建设进程。

教育、科技、人才一体化是推进高质量教育体系建设和人才培养模式改革的关键举措。教育与产业的深度融合，不仅能够搭建一个聚集优质人才、集成优质资源、满足市场需求的创新生态环境，同时也能够强化“以人为本”的教育理念，适应市场和社会的发展趋势。通过建立更加灵活、富有创新和实践性的教育体系和人才培养模式，为适应高新技术发展带来的日益复和多元的人才需求，提高人才创新能力和竞争力，促进经济转型升级具有重要作用。

教育、科技、人才一体化是推动经济全球化进程，实现经济可持续发展的必然要求。在全球化时代，人类的文明和发展已成为一个不可逆转的历史趋势，只有将教育、科技和人才综合起来，才能立足于国际竞争和合作中的复杂环境。教育、科技和人才彼此相互融合，在创新生态环境和其他方面都能够产生重要影响，也能促进国家间的交流与合作，切实推动教育、科技、人才三者协同融合，进一步加强时代性、可操作性，推动经济高速发展，稳步行进至可持续发展的门槛。

基础在教育、关键是科技、归根结底靠人才。教育、科技、人才三者紧密结合，打造出一个更为严谨和切实的竞争创新机制，拓展出更多的可能性和空间，使社会中优质教育、科技创新和人才培养等各方面的资源都能够获得更广泛、更广阔的利用，加速了科技创新和教育人才培养的进程，增强了市场竞争力和经济活力，为实现国家创新和进步提供了有力的推动力。

三、河南省经济高质量发展面临的挑战

河南省作为工业大省和农业大省，是我国经济的重要组成部分。但在改革开放之后，河南省的经济发展相对滞后，与发达地区仍存在一定的差距。为了全面提高经济发展质量，河南省积极推进经济高质量发展，在不断取得成就的同时，也面临诸多机遇和挑战。

首先，河南省的高端人才储备相对不足，人才短缺成为阻碍河南经济高质量发展的主要瓶颈之一。虽然近年来河南省不断加大对教育的投入力度，但河南省的教育资源分布不均衡、教育质量参差不齐等问题，使其在人才储备方面与发达地区相比存在较大差距。这限制了河南省高新技术产业和现代服务业的发展，缺乏高素质和高能力的人才储备也制约了经济的可持续发展。

其次，河南省在科技创新方面也面临着挑战。虽然河南省高度重视科技创新，但在高端人才总量和质量、人才的引育留用服、人才体制机制等方面还存在一定不足，导致高端科技创新人才的数量和质量不足、科研产出质量不高、科技成果转化率较低、服务社会能力较弱等一系列问题。这些都在一定程度上影响了河南省在高新技术产业和创新驱动发展方面的能力和竞争力。

最后，河南省的产业结构还面临着转型升级的压力。目前，河南省的产业结构还难以适应现代经济的需求和发展趋势。同时，新兴产业和现代服务业的发展相对滞后，产业结构不够多元化。这导致河南省在经济发展中面临产业结构调整和转型升级的挑战。河南省需要加快推动产业结构的升级和优化，加大对高新技术产业的支持和发展，提高经济的创新水平和竞争力。

综上所述，河南省在经济高质量发展过程中面临着人才短缺、科技创新不足、产业结构升级等挑战。为了实现高质量发展，河南省需加大对教育的投入和改革，提高教育质量和人才培养水平；加强科技创新体制建设，提升科研人员数量和质量；加快推动产业结构的升级和优化，加大对高新技术产业的支持和发展，这些正是需要全面推进教育科技人才一体化的应有之义。

四、新时代河南省经济高质量发展的必然性

教育、科技、人才一体化是实现河南省经济高质量发展的必然要求，

通过优化教育体系，推动科技创新和加强人才培养，能有效推动河南实现经济结构转型升级，实现经济高质量发展。

（一）现实背景分析

教育水平在河南省高质量发展中起着重要的作用。现实情况是，尽管河南省在教育领域取得了一定的进步，但仍存在一些问题。

首先，教育资源分配不均衡。高质量教育资源主要集中在郑州都市圈范围，其他地区的教育条件相对薄弱。教育质量和教学水平存在差距。虽然河南省一直在加大教育投入力度，但仍需要进一步提高教育质量和提升教师水平，以培养更符合经济高质量发展需求的人才。

其次，河南省在科技创新方面有待加强。科研机构数量相对较少，科研人员整体水平有待提高。此外，科技研发与产业发展之间的衔接还不够紧密，科技成果转化效率较低。

最后，高端人才与高技能人才还存在不足。人才是推动经济高质量发展的重要支撑。在当前发展进程中，河南省面临人才流失、引进难等问题。存在的问题包括高端人才少、流失较多，人才培养质量和层次不够高等，人才问题直接影响经济发展的质量和水平。要实现高质量发展，一方面需要加大对科技创新的支持力度，建立科技创新体系，并加强与企业的合作，提升科技创新在经济发展中的贡献度。另一方面需要采取措施吸引和留住人才，提高人才培养质量和层次，营造良好的人才发展环境。

（二）理论背景分析

教育、科技、人才一体化对于河南省高质量发展的必要性在理论上也得到了充分的支持。首先，教育是培养人才的重要途径。高水平的教育可以提供优质的人才供给，为经济发展提供所需的各类人才。通过提供良好的教育资源，加强创新教育和实践教育，河南省可以培养出更具创新能力和实践能力的高素质人才。其次，科技创新是推动经济高质量发展的关键。河南省需要加强科技创新，提升科技研发能力和水平。通过加大对科研机构的支持，鼓励科学家进行高水平的科研活动，加强科研人员之间的合作与交流，促进科技成果的转化和应用，推动科技与经济的紧密结合。最后，人才是推动经济高质量发展的核心要素。河南省需要建立健全的人才培养机制，注重人才培养的全面性和实践能力的培养，加大对人才的引进和培养力度。同时，通过建立人才流动和交流的机制，吸引更多高端人才来到河南省，推动经济发展。

教育、科技、人才一体化对于河南省高质量发展至关重要。教育为经济发展提供了坚实的人才基础，科技创新推动了经济结构的转型升级，而人才的引进和培养则是保障经济高质量发展的重要因素。通过提高教育质量和覆盖率，培养具备创新和实践能力的人才，可以为河南省的经济发展注入源源不断的动力。同时，加强科技创新和推动技术与经济的紧密融合，可以推动产业结构的升级和创新能力的提升。此外，优化人才引进政策、提供良好的发展环境和机会，有利于吸引和留住高水平的人才，进一步促进经济高质量发展。因此，河南省应全面推进教育科技人才一体化战略，构建良好的生态系统，为经济高质量发展提供坚实支撑。

第二节　研究现状

一、教育科技人才一体化研究现状

（一）概念与特征

教育科技人才一体化是指将教育科技人才的培养、使用和发展有机结合起来，形成一个整体的、协同的体系。教育、科技、人才一体化发展，是党的二十大报告提出的重要战略任务。在党和国家事业发展布局中，首次将教育、科技、人才支撑单列为党代会报告的一个组成部分，将教育、科技、人才作为一个有机整体集中阐述，凸显了教育、科技、人才在我国现代化建设全局中的内在联系（唐家莉，2023）。三者的一体化发展，意味着在中国式现代化进程中始终坚持科技是第一生产力、人才是第一资源、创新是第一动力、教育是第一基础；意味着科教兴国战略、人才强国战略、创新驱动发展战略协力推进，不断开辟发展新领域新赛道，塑造发展新动能新优势；也意味着坚持教育优先发展、科技自立自强、人才引领驱动协调发展，加快建构高质量教育体系、完善科技体系和深化人才发展体制机制改革。这一切对于实现以中国式现代化全面推进中华民族伟大复兴具有重要意义（郑金洲，2023）。

（二）发展现状

党的二十大报告旗帜鲜明地提出，进行“教育、科技、人才”一体化部署，突出强调了教育、科技、人才是推进中国式现代化的重要抓手，是全面建设社会主义现代化国家的基础性、战略性支撑。近年来，学者们围绕“教育、科技、人才”一体化的讨论主要集中于发展内涵、发展逻辑、实现路径等三个方面。“三位一体”的基本内涵即从中国式现代化发展策略、经济社会发展、资源一体化配置三个方面阐释教育科技人才一体化（王见敏，2023）。“教育、科技、人才”一体化更具有历史逻辑性，从关于创新人才政策的发展演进及实施规范，可以看出，教育科技人才一体化战略有其历史依据和现实可行性。此外，教育、科技、人才“三位一体”从本质上要求系统地进行三者的关联思考和全局考量，以构建教育科技人才共同体、营造开放创新的生态环境、建立教育科技人才融合机制三个关键性环节，激发教育、科技、人才“三位一体”整体效能（伍汗飞，2023）。作为一项复杂的系统工程，在充分挖掘教育、科技、人才一体化丰富内涵的基础上，促使其蕴含的自组织机制、适应性机制、协同性机制逐渐形成强烈一体化倾向的内在驱动力，从构建教育科技人才共同体、营造开放创新的生态环境、建立教育科技人才融合机制三个方面整合推进，充分发挥教育、科技、人才三者之间协同作用和整体效能。

（三）演变过程

教育科技人才发展呈现从各自分离、两两融合到一体化的发展状态。

教育科技人才在发展初期是各自分离的状态。在教育方面，1986 年颁布实施义务教育法，2001 年提倡的“素质教育”战略，2017 年教育的强国战略；在科技方面，2006 年，中国政府发布《国家中长期科学和技术发展规划纲要（2006—2020 年）》，2016 年中共中央、国务院发布《国家创新驱动发展战略纲要》。在人才方面，1980 年，提出“以人为本”的人才战略，21 世纪制定了一系列人才引进和培养计划（王燕，2023）。教育科技人才发展中期是两两融合的状态。1995 年 5 月 6 日，中共中央、国务院提出科教兴国战略，2002 年，中共中央、国务院提出实施人才强国战略。教育科技人才发展后期是一体化发展状态，2022 年，党的二十大报告中首次将教育、科技、人才进行“三位一体”统筹安排部署。最终形成科技为纲，人才为本，育人为基，三者各有侧重，相互融合中协同配合、整体联动、系统集成、一体发展（崔明明，2023）。

（四）内在机制

就其内在机制而言，教育、科技、人才一体化以适应性机制为驱动、以协同机制为基础，利用互补互促机制相互作用。具体表现在：在内外环境的影响下，能够处于抗干扰状态使一体化系统保持自稳健、自适应状态，并根据变化对协同作用进行调节（张会庆，2023）。三者相互支持、互利互补以实现系统的最优组合和系统整体功能的最大化。

（五）相关政策

20 世纪 80 年代前后，在教育层面，1978 年开始进行改革开放，进行教育体制改革，1986 年颁布实施义务教育法，该法明确规定，中国公民享有接受义务教育的权利，义务教育的年限为九年。此法还规定了义务教育的目标、内容、管理和监督等方面的具体要求，以确保每个学生都能够接受基本的教育（王晶莹，2023）。在科技层面，引进了大量的先进技术和设备，并与外国企业合作，正式确立了高新科技产业发展的战略方针，我国科技发展取得了显著进展，为推动中国的科技发展打下了基础（朱晓艳，2021）。在人才层面，1980 年，提出“以人为本”的人才战略，这一战略意味着政府将人才视为最重要的战略资源，将人才培养和发展作为国家发展的重要方向。这为培养和吸引优秀人才提供了政策支持和保障（刘畅，2017）。

21 世纪初期前后，在教育与科技层面，1995 年中共中央、国务院提出科教兴国战略，坚持以教育为本，举国家之力，优先且重点发展科技与教育，同时推动教育与科技的紧密结合。从党的十五大到党的二十大均一再强调实施科教兴国战略（付八军，2023）。2001 年提出“素质教育”战略，旨在培养全面发展的个体，促进公平，提升实践技能，强调培养全面发展的人才。党的十九大报告中首次明确提出：“建设教育强国是中华民族伟大复兴的基础工程。”这是对 1995 年以来我党确立的科教兴国战略的继承和发展，充分显示出党中央对教育事业的高度重视（谢维和，2023）。在人才与科技层面，2006 年，中国政府发布了《国家中长期科学和技术发展规划纲要（2006—2020 年）》，为科技发展提供了长期的战略指导，2016 年，中共中央、国务院发布了《国家创新驱动发展战略纲要》，努力跻身到创新型国家前列，这对促进经济转型升级，增强国家竞争力，优化创新环境，推动社会进步和民生改善具有重要意义；在教育与人才层面，进入 21 世纪，人才战略朝着开放化、国际化的方向发展。2002 年，中共中央、国务院提出实施人才强国战略，抓住培养人才、吸引人才、用好人才三个环节，为改革开放和现代化建设提供坚强的人才保证（巩红新，2023）。

20 世纪前叶，党的二十大报告中首次将教育、科技、人才进行“三位一体”统筹安排部署，教育、科技、人才三位一体协同融合发展具有重要意义，为中国式现代化建设提供了有力支撑（张志刚，2023）。教育、科技、人才是全面建设社会主义现代化国家的基础性、战略性支撑，是实现中华民族伟大复兴的重要战略资源，是应对世界百年未有之大变局的重要战略抓手。

（六）现有不足分析

有关教育科技人才一体化现状的研究成果十分丰硕，但不可否认的是，教育、科技、人才一体化发展存在内在逻辑和困境，其发展面临着价值、机制、行动、结果四个方面的难题和挑战（郑金洲，2023）。教育、科技、人才三个领域的特殊性，决定了其治理方式的特殊性。具体来看，与教育、科技、人才一体化发展的实践相比，相应的理论研究还很滞后，围绕这方面的研究成果还不够深入。在以往的研究中，虽然有探讨将教育与科技、教育与人才、科技与人才两两结合的产教结合、人才教育学、职业技术教育学的研究，但用系统、联系、互动的眼光来分析三者之间的关系的研究还很少。此外，从国家层面上和从地方层面上如何建立衡量评判三者一体化质量水平的评价体系，如何综合运用定量、排名、定性三类评价标准，构建富有我国自身特色的评价体系还需要深入研究。

二、河南省经济高质量发展研究现状

（一）内涵及特征

经济高质量发展是指在保持经济增长的同时，实现经济结构优化、资源配置高效、创新能力提升、环境污染减少、社会福利提高等多方面的协同发展。经济高质量发展有其内在的学理逻辑，其内涵丰富，具有多维性、质量性、动态性、人民性等特征。目前，不同学者出于不同视角对经济高质量发展的内涵有不同的理解。从人的全面发展角度看，经济发展的本真性实质上就是以追求一定经济质态条件下更高质量目标为动机（金碚，2018），而从有效化解社会主要矛盾的角度出发，高质量发展是缓解社会主要矛盾、加快推进质量强国建设、加快迈向质量新时代、加快实现中国梦的必然路径（陈彦斌，王兆瑞，2020）。以新发展理念为指导基础，研究发现，经济高质量发展是指经济增长的速度和数量发展到一定阶段后，将实现经济优化、创新驱动、经济协调、绿色生态、民生共享的全方位发展（贾光宁，2022）。科学揭示其内涵与特征对于科学把握经济高质量发展的实质、探寻经济高质量发展的实现路径具有重要意义（邹升平，高笑妍，2023）。通过融合多学科的分析方法，推动学术界的分析与论证更加呈现学科交叉化和多元化，不断深化从本质内涵特征上对经济高质量发展的研究，为新征程推动经济高质量发展建立牢固完善的理论根基。

（二）发展现状

近年来，河南省以经济高质量发展为目标，取得了一系列的显著成果，但仍存在一些突出问题，影响着经济可持续发展。基于此，学界研究成果丰硕，总结出区域经济、政策调控、人口结构三个影响因素。对河南省各个城市采用因子分析法，建立相关指标进行高质量发展水平分析及排名，研究发现，河南省与发达省份相比仍有一定差距（张雪倩等，2021）。而经济份额与人口份额的比值不平衡造成的产业优势与人才吸纳存在明显差异可能是导致这一结果产生的原因之一（杜明军，2020）。同时，多数学者以新发展理念为指导基础，定性分析经济高质量发展的动力机制与内在逻辑并利用熵值法对选取的众多代表性指标确定权重，建立经济高质量发展综合评价体系（刘溪，2022；谢秀娟，陈茜茜，2023）。研究发现，河南省经济高质量发展综合指数总体呈上升态势，在推动经济高质量发展方面有显著进步，但创新驱动不足、绿色发展水平不高、开放发展质量不高等严重制约了河南省经济高质量发展的稳定性和持续性。

（三）演变过程

20 世纪 70 年代末和 80 年代初，中国开始实施经济改革开放政策，引入市场机制和外资，以促进经济增长（黄奇帆，2023）。这一阶段的重点是实现经济的快速增长和工业化。随着时间的推移，中国逐渐认识到经济增长的速度和规模并不是唯一的目标，而是应该追求高质量的发展。这推动了理论和政策的演进。在21世纪初，中国提出了“科学发展观”，强调均衡发展、可持续发展和人的全面发展。这一理念体现了对经济发展的全面考虑，包括经济、社会和环境的协调发展。随后，中国政府提出了一系列政策措施，以促进经济高质量发展，党的十八届三中全会开启了全面深化改革的进程，明确其重点是经济体制改革。这些政策包括供给侧结构性改革、创新驱动发展战略、提高产业链水平和质量、加强环境保护等。政策旨在优化经济结构，提高生产效率，推动技术创新，并促进可持续发展（顾训宝，2023）。此外，中国还加强了对金融体系的监管，以防止金融风险对经济高质量发展的影响。同时，政府还鼓励企业进行技术创新和转型升级，以提高产品和服务的质量（李鑫，2023）。我国经济高质量发展的理论演化与政策演进经历了从追求经济增长速度到追求均衡、可持续和人的全面发展的转变。在这一过程中，政府采取了一系列政策措施，以促进经济结构优化、生产效率提高、技术创新和可持续发展。

（四）内在机制

首先，供给侧结构性改革是推动经济高质量发展的重要内在机制之一。通过优化供给结构，提高生产要素的质量和效率，以满足消费者多样化、个性化的需求，实现经济增长的质量和效益的提升（吴秀青，2023）。其次，创新驱动发展是推动经济高质量发展的内在机制。通过加强科技创新、知识产权保护和技术转化，提高产业技术水平和核心竞争力，推动经济从低端向高端、从传统向现代的转型升级（严宇珺，2023）。最后，提高人力资源质量和人才培养是促进经济高质量发展的内在机制。通过加强教育、培训和人才引进等措施，提高劳动力素质和创新能力，为经济发展提供有力支撑（赵永平，2023）。此外，优化金融体系和改善营商环境也是推动经济高质量发展的内在机制。通过深化金融改革，提高金融服务的质量和效率，为实体经济提供充足的资金支持。同时，改善营商环境，降低市场准入门槛和行政审批成本，激发企业活力和创新动力。我国经济高质量发展的内在机制包括供给侧结构性改革、创新驱动发展、人力资源质量提升以及金融体系优化和营商环境改善等方面。这些机制相互作用，共同推动经济实现高质量发展。

（五）评价指标

建立经济高质量发展评价指标体系有助于帮助政府和决策者全面了解经济发展的情况，优化经济结构，提升经济质量，促进可持续发展，对提升国家的竞争力具有深远意义。目前学术界对经济高质量发展的测度指标主要有两种观点：单一指标论和多维指标论。单一指标论中其中有代表性的指标是劳动生产率、全要素生产率、全要素生产率对经济增长的贡献份额和绿色全要素生产率（邹升平，高笑妍，2023）。TFP 增长率、参数估计法或非参数估计法（任海军，2022）。经济高质量发展的多维指标论是大多数学者认可的观点，方法包括主成分分析法、熵值法、灰色关联分析法、层次分析法、BP 神经网络法等，通过对现有高质量发展指标体系文献的梳理，多数主张是依据经济发展目标、社会矛盾和新发展理念角度展开研究（鲁万波，贾光宁，2022），新发展理念被广泛使用，经济高质量发展的指标体系构建则可以分为测度全国指数和测度区域高质量指数两方面，从全国角度构建指标体系较多，分别用均值法和熵权法进行实证分析，对中国 31 个省份的经济高质量发展水平进行测度评价，最后得出结论：当前经济高质量发展水平基本呈东、中、西部地区依次递减分布（任海军等，2022），经济发展的衡量标准也从经济增长速度过渡到经济发展质量，从经济因素转变到生态因素、民生因素等其他非经济因素。

（六）现有不足分析

众所周知，创新驱动发展战略是实现经济高质量发展的必然选择。然而，河南省经济高质量发展面临着创新能力较低、科技创新投入不足、创新成果转化能力弱的困境（张俊涛，陈卓，2019）。此外，河南省人口结构逐渐进入老龄化阶段，随之产生的受教育人口减少、劳动人口缩减、养老负担加重等问题将显著影响河南省经济高质量发展（于善甫，2023）。因此，河南省高等教育拉动经济高质量发展落后于发达省份的问题将进一步加深（郭舒雅，何云峰，许云芳，2023）。综上所述，应持续深化改革、加快培育吸纳创新型人才等措施为创新驱动河南省经济高质量发展提供支撑与保障。

三、研究不足分析与研究问题提出

现有针对教育科技人才一体化与经济高质量发展的研究较为丰富，为我们加深对两者之间关系的理解起到了推动作用。然而，综合来看，目前研究有待进一步深化的地方主要有三个方面。

（一）教育科技人才一体化的实现机制与评价体系

教育科技人才一体化具有内在逻辑性和合理性，但对于三者的实现机制的研究较少，且结论尚不统一。存在评价指标的选取缺乏实证研究，评价体系不健全的问题。

（二）河南省经济高质量发展的政策演进与评价体系

河南省经济高质量发展相关政策以时间线推进，体现了政策间的演进创新，但研究大多数是探析国家宏观政策调控，鲜有对经济高质量发展的地方政策进行文本分析。构建经济高质量发展评价指标体系是衡量高质量发展水平的重要内容之一，然而，现有研究大多数以新发展理念创新、协调、绿色、共享、开放五个维度构建相关指标体系，指标选取不全面且缺乏实证研究。

（三）教育科技人才一体化对河南省经济高质量发展的作用机制

尽管教育科技人才一体化研究与河南省经济高质量发展研究成果众

多，但对于两者关系的探讨与全国或相关区域的研究较少，政策文本研究较多，实证方法少且单一。教育科技人才一体化与河南省经济高质量的耦合发展，将是本研究的重点课题。

针对现有研究不足，本研究将聚焦“教育科技人才一体化与河南省经济高质量发展”之间的关系，通过对两者深入开展研究，进而构建两者之间的耦合度模型，为从教育科技人才一体化视角推动河南省经济高质量发展提供参考思路。

第三节　研究思路与研究框架

一、研究思路

本书的核心研究问题是教育科技人才一体化对河南省经济高质量发展的影响，围绕这一核心研究问题，首先，本书对教育科技人才一体化的发展及地方相关政策进行了详细的梳理，并就其经验启示进行提炼和总结。其次，对河南省教育、科技及人才的发展进行了研究，并通过与其他省份进行比较分析，找出目前问题所在，从中获取经验启示。接着对于河南省经济高质量发展的特征趋势及相关理论政策的演进进行深入分析，进一步掌握河南省经济发展的现状，获取具有针对性、重点性的经验启示。最后，构建河南省经济高质量发展的指标与评价体系，根据理论分析与实证研究结论，结合河南省实际情况，提出教育科技人才一体化驱动经济高质量发展的对策。

二、研究方法

（一）文献研究法

通过梳理河南省教育科技人才以及经济高质量发展的相关文献与理

论，剖析教育科技人才一体化和河南省经济高质量发展的内涵与特征，将相关理论进行归纳总结，详细分析教育科技人才一体化对于驱动河南省经济高质量发展的作用，提出具有针对性、重点性的路径对策。

（二）政策文本分析

政策文本是指由国家颁布的各种法律、规章制度的文件，通过对政策文本的分析，可以更好地研究政策内容。政策文本分析是采用质性研究方法，通过教育科技人才政策文本计量结果，以及人工判读可以高效、准确和相对客观地分析政策的变迁，了解政策的主题演变和扩散程度。

（三）描述性统计

为了更加全面地分析河南省教育、科技及人才的发展现状，本书对广东、江苏、浙江、安徽等省份的发展状况进行了详细的梳理，通过比较研究得出重要经验与启示。

（四）熵值分析法

熵值法是基于现实数据计算出所选指标的具体权重，并利用原始数据与权重相乘得到发展水平评分，能够完整保留数据的全部信息。因此，本书采用熵值法确定各个指标的权重，计算教育科技人才和经济高质量发展水平综合指数。

（五）计量分析法

计量分析法是一种以实际数据为基础，通过构建数学模型，对研究对象及其组成部分进行实证的方法，该方法的优点是可以增强文章结论的可信度。本书以科技教育人才一体化与经济高质量发展的实际数据为依据，建立模型，对两者间的联系进行定性的研究假设分析和定量的实证分析，以定量分析验证定性分析，增强结论的可信度。

三、研究意义

本书的理论价值在于，一方面分别构建了教育科技人才一体化和河南省经济高质量发展的指标体系；另一方面探究了科技教育人才一体化对河南省经济高质量发展的影响机制，对于在新背景下推动河南省经济高质量发展具有理论指导作用。本书的实践价值在于，使用多种赋权法构建了河南省经济高质量发展的指标体系，并有针对性地进行了河南省经济高质量发展的评价分析，为政府制定相关政策提供了一定的实证依据；同时，剖析了科技教育人才驱动河南省经济高质量发展的理论逻辑，有利于推动河南省创新驱动、科技兴省与人才强省、数字化转型等战略的实施，找准定位、发挥优势，优化区域经济布局，实现河南省经济高质量发展，打造具有河南特色的新发展格局。

参考文献

［1］陈彦斌，王兆瑞．提升居民消费与推动中国经济高质量发展［J］．人文杂志，2020（7）：97－103．

［2］崔明明，郝富军．教育、科技、人才工作一体化背景下我国科学教育政策演进逻辑与调适路径研究［J］．国家教育行政学院学报，2023（6）：88－95．

［3］杜明军．河南省县域经济高质量发展的支撑因素探究［J］．中原工学院学报，2020，31（5）：1－14．

［4］付八军．科教兴国战略助推中国式现代化［N］．中国社会科学报．

［5］巩红新，吉友洁．深入实施人才强国战略的时代背景、基本内容与价值意蕴［J］．高校辅导员，2023（5）：3－8＋21．

［6］顾训宝．中共十八大以来全面深化改革开放的理论与实践［J］．当代中国史研究，2023，30（5）：38－55＋158．

［7］郭舒雅，何云峰，许云芳．教育科技人才一体化视域下中部六省高等教育与经济耦合测度及政策建议［J］．教育财会研究，2023，34（3）：3－13．

［8］黄奇帆．改革开放创新　推动中国经济高质量发展［J］．全球化，2023（2）：

31 - 35 + 134.

[9] 贾光宁. 西藏经济高质量发展的内涵与意义 [J]. 产业创新研究, 2022 (5): 32 - 34.

[10] 金碚. 以创新思维推进区域经济高质量发展 [J]. 区域经济评论, 2018 (4): 39 - 42.

[11] 李鑫, 徐琼, 王核成. 企业数字化转型与绿色技术创新 [J]. 统计研究, 2023, 40 (9): 107 - 119.

[12] 刘畅. 改革开放以来"以人为本"思想的理论回顾与实践运用 [J]. 兰州教育学院学报, 2017, 33 (11).

[13] 刘溪. 河南省经济高质量发展的评价及分析 [J]. 三门峡职业技术学院学报, 2022, 21 (1): 113 - 122.

[14] 任海军, 崔婧. 经济高质量发展评价指标体系构建与实证 [J]. 统计与决策, 2022, 38 (13): 31 - 34.

[15] 唐家莉. 以教劳结合促进教育、科技、人才一体化 [J]. 教育评论, 2023 (1): 18 - 23.

[16] 王见敏. 教育、科技与人才一体化发展内涵的几点思考 [J]. 当代贵州, 2023 (7): 79.

[17] 王晶莹, 张晓琳, 徐安迪, 等. 改革开放以来中国教育信息化政策育人历程研究——基于政策工具的文本分析 [J]. 中国教育信息化, 2023, 29 (10): 3 - 16.

[18] 王燕. 探讨新时期下以人为本的高校思政教育 [J]. 湖北开放职业学院学报, 2023, 36 (11): 94 - 96.

[19] 吴秀青. 供给侧结构性改革背景下经济发展与创新思路分析 [J]. 活力, 2023 (7): 193 - 195.

[20] 伍汗飞. 教育、科技、人才一体化的生成逻辑、内在机理与实现路径 [J]. 深圳职业技术学院学报, 2023, 22 (4): 11 - 18.

[21] 谢维和. 发展素质教育的要义与战略取向 [J]. 人民教育, 2023 (1).

[22] 谢秀娟, 陈茜茜. 河南省经济高质量发展评价指标体系的构建与评价 [J]. 投资与创业, 2023, 34 (5): 25 - 27.

[23] 严宇珺. 数字经济驱动高质量发展的内在逻辑、作用机制及实现路径 [J].

技术经济与管理研究，2023（7）：1－5.

［24］于善甫．河南省应对人口变动推动经济高质量发展路径研究［J］．当代经济，2023，40（5）：75－84.

［25］张会庆．复杂科学视域下教育科技人才“三位一体”系统：逻辑必然、运行机理与构建路向［J］．江淮论坛，2023（3）：16－24.

［26］张俊涛，陈卓．创新驱动河南省经济高质量发展的对策研究［J］．创新科技，2019，19（7）：77－82.

［27］张炜，王良，张维佳．教育、科技、人才一体化统筹推进中国式现代化的科学内涵与多重逻辑［J］．北京教育（高教），2023（10）：35－38.

［28］张雪倩，尚猛，张潆，等．区域经济高质量发展评价体系的构建研究——以河南省为例［J］．商展经济，2021（23）：107－109.

［29］张志刚，陈宝明．教育、科技、人才三者比较研究及协同机制构建——基于人才培养机制的视角［J］．山东师范大学学报（自然科学版），2023，38（2）：173－178.

［30］赵永平，李倩倩．人才集聚、区域创新与经济高质量发展［J］．哈尔滨商业大学学报（社会科学版），2023（1）：117－128.

［31］郑金洲．教育、科技、人才一体化发展：内在逻辑与困境突破［J］．南京师大学报（社会科学版），2023（3）：5－15.

［32］朱晓艳，杜磊．改革开放初期中共对高新科技产业发展的战略选择［J］．党史研究与教学，2021（5）：84－95.

［33］邹升平，高笑妍．经济高质量发展的研究进路与深化拓展［J］．宁夏社会科学，2023（3）：82－92.

第二章　教育科技人才一体化演进过程和内在机理

教育、科技、人才是全面建设社会主义现代化国家的基础性、战略性支撑，随着改革开放的推进，教育科技人才一体化成为一个重要的发展方向。在演进过程中，科技是第一生产力、人才是第一资源、创新是第一动力，将教育、科技、人才进行“三位一体”统筹安排部署，三者之间形成了相互影响、相互促进的一体化关系。教育科技人才一体化的发展得益于其本身具备的协同、适应性、互补互促机制。随着教育科技人才一体化的不断深化和发展，将为教育提供了更多优质的教学资源和手段，为人才营造出更好的成长与培养环境，同时也推动了科技领域的创新和发展，为中国式现代化建设和河南省实现“两个确保”提供战略支撑。

第一节　教育科技人才一体化的演进过程

教育科技人才一体化的演进过程呈现从各自分离、两两融合，最终到一体化的发展状态。在早期，教育科技人才的发展是各自独立的，在制定政策时更多围绕自身领域，随后，提出了教育科技人才两两融合的发展战略：科教兴国，人才强国，最后，教育科技人才进入一体化发展阶段，以科技为纲，人才为本，育人为基，三者各有侧重并在相互融合过程中协同配合、整体联动、系统集成、一体发展。

一、教育科技人才分离发展阶段

（一）教育发展演进过程

中国教育战略的发展可以追溯到新中国成立初期，政府通过制定一系列教育政策和计划来推动教育的发展。1986 年颁布实施了《中华人民共和国义务教育法》（以下简称《义务教育法》），使教育得到全面普及，为人民提供了更多的受教育机会。1978 年，中国开始进行改革开放，教育体制也进行了一系列改革。包括扩大高等教育规模、实行学分制度、推动教育国际化等。进入 21 世纪，中国教育战略进一步调整和完善。2001 年，中国政府提出了“素质教育”战略，强调培养全面发展的人才。2006 年 9 月 1 日起开始实施新的《义务教育法》，完成了“人民教育人民办”到“义务教育政府办”的真正转变，随后推行了一系列教育改革，如普及高中阶段教育、优化学科设置、推动职业教育发展等。2017 年，党的十九大报告提出了“建设教育强国”，强调必须把教育事业放在优先位置，深化教育改革，加快教育现代化，办好人民满意的教育。中国教育战略发展历经多个阶段，从基础教育到高等教育的全面发展，从普及教育到提高教育质量和人才培养能力，不断推动中国教育事业向着更高水平、更全面的方向发展。

（二）科技发展演进过程

自改革开放之初，邓小平提出科学技术是第一生产力，中国政府意识到科技创新对于国家发展的重要性，并开始提出并实施一系列科技战略。首先，实施了知识产权保护政策和技术引进政策，鼓励吸纳国外的先进技术和知识，并推动国内企业进行技术创新。这些政策为中国企业引进和消化国外技术提供了便利，并为国内创新提供了一定的保护。其次，开始加大对科研机构的投入，并推动校企合作，以促进科技成果转化为实际生产力。此举有助于加强科研和产业的结合，加速科技创新的转化和应用。进入 21 世纪，中国进一步明确了科技创新在国家发展中的战略地位。2006 年，中国政府发布了《国家中长期科学和技术发展规划纲要（2006—2020 年)》，提出了发展创新型国家的目标，并制定了实施科技创新的具体政策。同时，中国政府还积极推动产学研结合，加强科技成果的转化与应用。2016 年 5 月，中共中央、国务院发布《国家创新驱动发展战略纲要》，战略的核心是提高自主创新能力，促进产业升级、转型和协调发展。近年来，中国科技创新不断取得突破和进展。中国在人工智能、5G 通信、高铁技术等领域取得了重要的成果，并加大了对核心技术的研发和投入。

（三）人才发展演进过程

自新中国成立以来，中国政府一直重视人才培养和人才引进，通过不断完善和调整人才政策，推动人才的培养和发展。1980 年，政府提出了“引进来、走出去”和“以人为本”的人才战略，鼓励各类人才的引进和流动，并开始推动人才培养的多元化和多层次发展。进入 21 世纪，中国人才战略朝着更加开放和国际化的方向发展。中国政府提出了一系列人才引进和培养计划，如“千人计划”“万人计划”等，吸引海外优秀人才回国发展。同时，中国加强学术交流、科技合作等国际合作，推动人才资源的跨境流动。中国人才战略的发展历程呈现出不断变化的态势，从基础教育到高等教育的发展，从人才引进到人才培养的转变，从数量到质量的提升。

二、教育科技人才融合发展阶段

（一）“科技＋教育”融合的科教兴国战略

20 世纪 90 年代开始，中国开始探索科技教育融合的道路，开展了一些初步的尝试和实践。1995 年 5 月 6 日，中共中央、国务院作出《关于加速科学技术进步的决定》，同时提出科教兴国战略。21 世纪，我国逐步推进实施“智慧校园工程”、数字化教育等，推动教育与科技的紧密结合。同时，随着人工智能、大数据、物联网等新兴技术的快速发展，中国教育部和各级政府、学校和教学机构进一步加强科技教育融合的力度。科教兴国战略全面落实科学技术是第一生产力的思想，坚持教育为本，举国家之力，优先且重点发展科技与教育，以培养更多建设社会主义现代化国家的各类人才为目标，全面提升国家科技创新能力和水平，为实现中华民族伟大复兴提供高质量的科教资源支撑，提高国家核心竞争力。从党的十五大到党的十八大，都一再强调实施科教兴国战略，在理论和实践上不断深化和拓展。党的十九大再次强调了要实施科教兴国战略，统筹推进这一战略与其他战略同步发展，党的二十大报告还将“实施科教兴国战略，强化现代化建设人才支撑作为专章论述，进行专门部署。

（二）“科技 + 人才”融合的人才强国战略

20 世纪 90 年代开始，我国开始推动创新的人才战略。在针对科技人才的培养、引进等方面均进行了深入研究，并在实践中不断提高人才引进项目的水平，以满足科技发展需要。2001 年发布的《中华人民共和国国民经济和社会发展第十个五年计划纲要》提出“实施人才战略，壮大人才队伍”。这是中国首次将人才战略确立为国家战略。2002 年，中共中央、国务院办公厅印发《2002—2005 年全国人才队伍建设规划纲要》，提出实施人才强国战略，抓住培养人才、吸引人才、用好人才三个环节，为改革开放和现代化建设提供坚强的人才保证，加快推进以高层次、高技能人才为重点的各类人才队伍建设，大力培养一批自主创新的领军人物和中青年高级专家。当前，新兴技术的快速发展，给科技人才的培养和发展提出了新的要求，国家则在加快降低不同领域人才的相互壁垒，推动科技人才与技术创新、科技战略的有机融合，通过高质量科技奖项、科技成果的评估、人才计划的支持等，凝聚更多科技人才，加强各层次、各领域、各类型人才的融合。

三、教育科技人才一体化发展阶段

2022 年，党的二十大报告中首次将教育、科技、人才进行“三位一体”统筹安排部署，强调“教育、科技、人才是全面建设社会主义现代化国家的基础性、战略性支撑”，凸显出教育、科技、人才三者之间是辩证统一、相互影响、相互促进的关系，是一个有机的整体。其中科技为纲，人才为本，育人为基。三者各有侧重，相互融合中协同配合、整体联动、系统集成、一体发展，是开辟新领域、新赛道，塑造新动能、新优势的必经之路，是实施科教兴国战略、人才强国战略、创新驱动发展战略。总的来说，教育科技人才一体化发展是一个渐进的过程，需要教育和技术的紧密结合。人才需要具备教育和科技知识的双重背景，并能够应用技术提升教育效果，促进学习的个性化和创新。

第二节　教育科技人才一体化的内在机理

教育科技人才一体化是国家层面将教育、科技和人才紧密结合的过程，旨在整合各方面的要素、资源和力量，以提高综合能力和效率。为了充分发挥教育、科技、人才一体化的整体效能，我们必须深入了解其内部的内在机理。教育、科技、人才一体化以协同机制为基本，适应性机制为驱动，利用互补互促机制进行相互作用。只有深入理解和把握其中的关键机制与机理，才能更好地推动教育、科技和人才的一体化发展，为国家的创新与发展注入新动能。

一、教育科技人才一体化协同机制

教育、科技、人才一体化运作的基本机理是协同性。协同性的目标是实现系统结构的最优和系统整体功能的最强。为了达到此目标，系统各要素协同的优劣是至关重要的（伍汗飞，2023）。教育、科技、人才在功能上呈现为超循环结构，超循环结构是系统各要素之间协同作用的结果，也是“复杂系统整体稳定、协调发展的基本形式”。教育、科技、人才之间存在相互支持、相互增强、互利互补的关系（Manfred Eigen，1997）。

（一）功能协同机制

纵观人类发展史，教育、科技、人才始终是推动人类文明进步的重要力量，16 世纪的意大利萌发了文艺复兴运动，突破了中世纪教会教育的牢笼，促进了科学活动的进步发展，也孕育出哥白尼等知名科学人才，教育、科技、人才的汇聚创新与同步发展促进了意大利经济社会的迅猛发展。20 世纪的美国高等教育进入黄金时期，集聚了全球顶尖科学家，诞生了贝尔、爱迪生等一批发明人才，教育、科技、人才相互交融、相互促进，帮助美国产出占同期世界总数 60% 以上的科学成果并获得全球 70% 的诺贝尔奖，奠定了美国成为超级强国的深厚基础（张炜，2023）。意大利和美国的成功经验表明，教育、科技、人才呈现出同频发展，功能协同的特性。对于中国而言，教育强国、科技强国、人才强国战略都是推进中国式现代化的关键举措。从中国式现代化的实现路径和发挥功用来看，现代化需要先进科技创新水平的引领、高质量社会人才的参与和全方位素质教育的支撑，所以，教育、科技、人才具有高度的功能协同性。

（二）使命协同机制

教育、科技和人才一体化的共同使命是通过科技的创新和应用，培养具备创新能力和科技素养的人才，推动教育的现代化并促进社会的发展。当今世界正经历百年未有之大变局，我国率先提出人类命运共同体的全新理念，强调世界各国在和平、发展、安全、治理等各方面的共同利益定位和系统协调理念。教育、科技、人才作为密切联结世界各国的沟通工具和世界各国竞争的力量构成。一方面，其协同发展顺应了人类命运共同“社会共融、利益共享、共同发展、共同受益”的发展诉求；另一方面，能够快速提升国际竞争力并支撑我国与世界主要发达国家之间形成平等对话、优势互补的高水平对外开放的合作共赢关系，进一步推动人类命运共同体使命的达成。通过教育、科技和人才的一体化，可以实现教育的现代化和科技的创新应用，培养具备创新能力和科技素养的人才，为社会的可持续发展提供强大的动力和支持。

（三）调节协同机制

教育、科技和人才一体化系统采用自我调节和集中调节的协同机制。一方面，系统不断与外部环境进行物质、信息或能量的交换，自发地形成时间、空间和功能的有序结构，从而实现较好的自组织和自适应；另一方面，系统内部的动力因素促进各子系统之间的协同合作和一体化自组织系统更加高效地运行。通过这些协同性机制，系统不断优化和完善相关制度，以适应发展需求。这种自我调节和集中调节的协同机制使教育、科技、人才之间形成了相互依存、相互支持的关系，为培养高素质人才提供了良好的环境。同时，这种协同机制也促进了教育、科技、人才一体化系统整体素质的不断提升。通过不断推进系统内部的优化和协同，以及和外部环境的良性互动，我们相信教育、科技、人才一体化系统的发展将取得更加显著的成果，为国家的繁荣发展作出更大的贡献。

二、教育科技人才一体化适应性机制

教育、科技、人才一体化发展的基本动因是适应性。教育、科技、人才三者在内、外环境的影响下，能够及时适应变化、快速调整策略，在抗干扰中使一体化系统能够保持自稳健、自适应状态，并根据变化的情况对协同作用进行自我调节和集中调节（张会庆，2023）。这种适应性机制包括了自组织和自适应两个方面：一方面，教育、科技、人才一体化系统通过自组织形成的时间、空间和功能上的有序结构，使系统具有强大的自我组织和自我修复能力；另一方面，系统通过自适应机制能够及时发现变化，并通过自我调节和集中调节等手段来提高系统适应变化的能力，有效促进各子系统间不断协同合作，使整体系统更加高效运行。这种适应性机制的形成，使教育、科技、人才一体化系统能够在不断变化的环境下不断自我调节、不断创新，从而不断推动系统的发展。在全球竞争系统的大背景下，一体化是教育、科技、人才长远发展的必然趋势。教育、科技、人才一体化系统的适应性机制具有主动性、学习性，通过深入理解教育、科技、人才一体化系统的适应性机制，并通过主动的学习策略以及合理的政策和规则干预，可以更快地建立并提升教育、科技、人才一体化的体系和能力。

三、教育科技人才一体化互补互促机制

在教育、科技、人才三者之间相互作用的过程中，相互之间具有专业、技术、知识等领域的互补性和相互促进性。教育是支撑科技与人才发展的基础，在科技的进步和人才的成长过程中，教育扮演着提供基础性和前沿性支撑的重要角色。教育能够通过传授知识、培养技能、创造创新环境、引导创新思维以及推进跨学科合作等多方面的方式，推动科技创新的发展和高素质人才的培养。这种作用不仅为科研储备提供了原材料，也搭建了平台，促进了人类探索未知领域，支撑着科技事业的前进，高等教育的特性更凸显了这一点（董自程，2023）。

科技的进步一方面需要教育和人才的支撑，另一方面又推动和反哺教育的发展和人才的成长，成为教育与人才发展的动力之源和用武之地，科技在教育领域的发展确实起到关键的引领作用。它不仅为教育带来新的可能性和机遇，还为实现高质量教育创造了条件，从而推动教育的高质量发展，科技在教育领域的引领作用将持续推动教育的进步和创新（崔明明，2023）。科技在促进人才培养方面发挥了重要作用。科技在促进人才培养方面发挥着非常重要的作用。科技手段和工具的不断发展，提供了更丰

富、个性化的学习体验，帮助学生充分发挥自身潜力，并培养他们在科学、技术、工程和数学等领域的创新能力。此外，科技创新还带来了更加灵活和适应性强的学习方式，使人才培养能更贴近实际需求，具备更强的创造力和实践能力，以适应快速变化的社会和经济发展。

在教育、科技、人才三者中，人才质量与数量的提升能够促进教育水平和科技水平的提高。人才不仅是教育的受益者，而且对教育的发展也起到了重要的支撑作用（郑金洲，2023）。同样地，科技创新的核心在于人才，只有有经验、有能力的人才才能推动科技的创新和进步。创新驱动的核心是人才，人才强则国家强。因此，在国家综合实力竞争中，人才的培养和吸引是至关重要的。另外，人才是教育和科技的“关键纽带”，同时也支撑了教育、科技和人才之间的紧密联系。从人才、教育和科技的内在逻辑联系来看，人才是推动教育和科技发展的主要力量。人才不仅是教育和科技的主要承担者，同时也是“连接器”的角色，将教育和科技紧密地结合起来，向前推进人才培养，向后承接科技潜能释放，促进教育、科技和人才的一体化深入发展。

教育、科技和人才之间存在着适应性、协调性和互补性的内在联系，它们本质上是一种辩证统一的关系，并形成了一个不可分割的整体，基本逻辑在于教育培养产出人才、人才助推科技并反哺教育、科技支撑教育创新并仰仗人才，三者环环相扣、有机融合。教育是强国基础、科技是强国关键、人才是强国根本（张志刚，2023）。共同服务于国家事业不同维度和方位的建设，为建设现代化强国提供了必要的支撑工具。

第三节　教育科技人才一体化的评价指标体系

教育科技人才一体化的评价指标体系是一套有机、全面的指标体系，用于衡量和评价教育科技人才的发展水平和一体化程度。这一评价体系基于教育科技人才领域的特点和要求，能够准确反映教育科技人才在融合发展中的现状与特征，并且能够适应不断变化的教育科技人才领域的需求。指标体系的定义应该具有明确性、可操作性和灵活性，以适应不同的评价目的和背景。

一、评价指标体系的构建

借鉴已有的研究成果，综合考虑后，本章选择了四个二级指标，分别是教育水平指数、科技水平指数、人才水平指数、综合水平指数，随后细分出 18 个三级指标构建教育科技人才一体化的指标体系。其中，教育水平指数、科技水平指数、人才水平指数均由 5 个三级指标构成；综合水平指数由 3 个三级指标构成。

（一）教育水平指数

教育水平指数用来衡量一个地区或国家的教育水平。本章借鉴了刘静，李丽阳，柯小霞等学者的研究成果，选取了教育经费、普通高等学校在校生人数、高等学校教职工人数、普通高等学校师生比、教育企业数 5 个三级指标如表 2－1 所示。

表 2－1　　　　教育水平指数评价指标模块

二级指标	三级指标	单位
教育水平指数	教育经费	亿元
	普通高等学校在校生人数	万人
	高等学校教职工人数	万人
	普通高等学校师生比	1
	教育企业数	个

（二）科技水平指数

科技水平指数用来衡量一个地区或国家的科技发展水平。本章借鉴了李玉楠，孟舒慧，王文琪，李率男等学者的研究成果，选取了（R&D）经费、（R&D）人员全时当量、科技论文发表数目、科技成果数目、科技市场成交额5个三级指标，如表2－2所示。

表2－2　　科技水平指数评价指标模块

二级指标	三级指标	单位
科技水平指数	（R&D）经费	亿元
	（R&D）人员全时当量	个
	科技论文发表数目	万个
	科技成果数目	个
	科技市场成交额	亿元

（三）人才水平指数

人才水平指数用来衡量一个地区或国家人才素质和人力资源的。本章借鉴鞠斐、程绍明、张熠等学者的研究成果，选取了劳动力总量、高等学校（R&D）人数、本专科毕业生数、研究生毕业生数、总人口5个三级指标，如表2－3所示。

表2－3　　人才水平指数评价指标模块

二级指标	三级指标	单位
人才水平指数	劳动力总量	万人
	高等学校（R&D）人数	万人
	本专科毕业生数	万人
	研究生毕业生数	万人
	总人口	万人

（四）综合水平指数

综合水平指数用来综合衡量一个地区或国家社会经济发展水平，它将多个方面的指标集合起来进行全面评估。本章借鉴了云杉、孙警、郭敏、尹元福等学者的研究成果，选取了年度GDP总量、居民人均可支配收入、居民恩格尔系数3个三级指标，如表2-4所示。

表2-4　　综合水平指数评价指标模块

二级指标	三级指标	单位
综合水平指数	年度GDP总量	亿元
	居民人均可支配收入	万元
	居民恩格尔系数	1

本章数据源自《统计年鉴》（遵循数据获取完整性、公开性原则，已知可获得数据源截至2022年度）。具体的教育科技人才一体化评价指标体系，如表2-5所示。

表2-5　　教育科技人才一体化评价指标体系

一级指标	二级指标	三级指标
教育科技人才一体化评价指标体系	教育水平指数	教育经费
		普通高等学校在校生人数
		高等学校教职工人数
		普通高等学校师生比
		教育企业数
	科技水平指数	（R&D）经费
		（R&D）人员全时当量
		科技论文发表数目
		科技成果数目
		技术合同成交额
	人才水平指数	劳动力总量
		高等学校（R&D）人数
		本专科毕业生数
		研究生毕业生数
		人口总量
	综合水平指数	年度GDP总量
		居民人均可支配收入
		居民恩格尔系数

二、教育科技人才一体化评价指标体系分析

由于本章的数据多来自统计年鉴等相关资料，教育科技人才一体化指标体系涵盖教育水平、科技水平、人才水平、综合水平等多个方面，不同领域指标之间的单位差距过大，为了避免由单位差异带来的研究困扰，需要统一量化原始数据单位。本章采用熵权法对教育科技人才一体化指标体系进行评价，熵权法能够根据指标差异性来确定权重，适用于多指标相对重要性的评估和决策支持，信息熵越小的指标权重越大，信息熵越大的指标权重越小，具体计算步骤如下。

首先进行数据归一化处理，获取原始数据的最大值和最小值，然后把原始值线性变化到［0，1］区间内，变换公式为：

$$x' = \frac{x - \min}{\max - \min} \quad \text{（式 2-1）}$$

在式 2-1 中，x' 表示变换之后的数值，x 表示当前要变换的原始值，min 表示当前特征中的最小值，max 表示当前特征中的最大值。

本章对正、负向指标采取不同的算法进行标准化处理，具体处理方式见式 2-2 和式 2-3。

$$Y_{ij} = \frac{X_{ij} - \min(X_{1j}, \cdots X_{nj})}{\max(X_{1j}, \cdots X_{nj}) - \min(X_{1j}, \cdots X_{nj})} + 1 \quad \text{（式 2-2）}$$

$$Y_{ij} = \frac{\min(X_{1j}, \cdots X_{nj}) - X_{ij}}{\max(X_{1j}, \cdots X_{nj}) - \min(X_{1j}, \cdots X_{nj})} + 1 \quad \text{（式 2-3）}$$

其中 i 表示年份，j 表示测度指标。X_{ij} 和 Y_{ij} 分别表示标准化前后的河南省经济高质量发展水平测度指标值，$\max(X_{ij})$ 和 $\min(X_{ij})$ 分别表示 X_{ij} 的最大值与最小值。

计算熵值，计算方式如式 2-4，k 表示为样本数量。

$$E_j = \ln\frac{1}{k}\sum_{i=1}^{n}\left[\frac{Y_{ij}}{\sum_{i=1}^{n}}\ln\left(\frac{Y_{ij}}{\sum_{i=1}^{n} Y_{ij}}\right)\right] \quad \text{（式 2-4）}$$

得出权重，计算方式如式 2-5。

$$W_j = \frac{1 - E_j}{\sum_{i=1}^{m}(1 - E_j)} \qquad (式2-5)$$

线性加权得出河南省经济高质量发展水平测度指标的加权矩阵 S_i。

$$S_i = \sum_{j=1}^{m} W_j \times Y_{ij} \qquad (式2-6)$$

三、教育科技人才一体化评价指标体系分析结果

本章基于构建的教育科技人才一体化评价指标体系，采用熵值法综合测量评价一体化发展情况，教育水平指数模块，科技水平指数模块，人才水平指数模块，综合水平指数模块的分析结果分别如表2－6、表2－7、表2－8、表2－9所示。

表2－6　　教育水平指数评价指标模块分析结果

年份	教育经费（亿元）	普通高等学校在校生人数（万人）	高等学校教职工人数（万人）	普通高等学校生师生比	教育企业数（个）
2013	0.0022	0.0023	0.0031	0.0119	0.0056
2014	0.0042	0.0046	0.0049	0.0158	0.0085
2015	0.0100	0.0091	0.0086	0.0172	0.0156
2016	0.0148	0.0132	0.0123	0.0106	0.0217
2017	0.0212	0.0166	0.0172	0.0117	0.0274
2018	0.0275	0.0212	0.0233	0.0127	0.0271
2019	0.0345	0.0329	0.0332	0.0229	0.0232
2020	0.0395	0.0477	0.0455	0.0338	0.0239
2021	0.0480	0.0600	0.0554	0.0383	0.0241
2022	0.0540	0.0696	0.0665	0.0325	0.0250

表2－7　　科技水平指数评价指标模块分析结果

年份	（R&D）经费经费（亿元）	（R&D）人员全时当量（个）	科技论文发表数目（万个）	科技成果数目（个）	科技市场成交额（亿元）
2013	0.0023	0.0046	0.0018	0.0012	0.0032
2014	0.0039	0.0051	0.0025	0.0015	0.0055

续表

年份	（R&D）经费经费（亿元）	（R&D）人员全时当量（个）	科技论文发表数目（万个）	科技成果数目（个）	科技市场成交额（亿元）
2015	0.0079	0.0062	0.0054	0.0066	0.0110
2016	0.0130	0.0096	0.0091	0.0150	0.0118
2017	0.0196	0.0141	0.0137	0.0174	0.0196
2018	0.0267	0.0241	0.0236	0.0315	0.0267
2019	0.0351	0.0360	0.0345	0.0383	0.0354
2020	0.0428	0.0482	0.0481	0.0573	0.0354
2021	0.0549	0.0618	0.0691	0.0624	0.0417
2022	0.0646	0.0800	0.0934	0.0759	0.0511

表2-8　　人才水平指数评价指标模块分析结果

年份	劳动力总量（万人）	高等学校（R&D）人数（万人）	本专科毕业生数（万人）	研究生毕业生数（万人）	总人口（万人）
2013	0.0205	0.0023	0.0023	0.0018	0.0056
2014	0.0238	0.0039	0.0042	0.0045	0.0073
2015	0.0271	0.0079	0.0102	0.0090	0.0127
2016	0.0203	0.0125	0.0119	0.0112	0.0200
2017	0.0183	0.0183	0.0170	0.0135	0.0262
2018	0.0150	0.0218	0.0229	0.0202	0.0304
2019	0.0178	0.0227	0.0442	0.0270	0.0342
2020	0.0128	0.0301	0.0476	0.0473	0.0358
2021	0.0097	0.0356	0.0586	0.0585	0.0362
2022	0.0098	0.0623	0.0680	0.0788	0.0355

表2-9　　综合水平指数评价指标模块分析结果

年份	年度GDP总量（亿元）	居民人均可支配收入（万元）	居民恩格尔系数
2013	0.0035	0.0038	0.0042
2014	0.0050	0.0051	0.0038
2015	0.0087	0.0100	0.0037
2016	0.0139	0.0152	0.0036

续表

年份	年度 GDP 总量（亿元）	居民人均可支配收入（万元）	居民恩格尔系数
2017	0.0218	0.0206	0.0034
2018	0.0294	0.0273	0.0034
2019	0.0356	0.0342	0.0033
2020	0.0375	0.0383	0.0032
2021	0.0498	0.0464	0.0031
2022	0.0548	0.0512	0.0030

教育科技人才一体化评价指标体系分析结果如表 2－10 所示。

表 2－10　教育科技人才一体化指数评价指标分析结果

年份	教育水平指数	科技水平指数	人才水平指数	综合水平指数
2013	0.0251	0.0131	0.0325	0.0115
2014	0.0380	0.0185	0.0437	0.0139
2015	0.0605	0.0371	0.0669	0.0224
2016	0.0726	0.0585	0.0759	0.0327
2017	0.0941	0.0844	0.0933	0.0458
2018	0.1118	0.1326	0.1103	0.0601
2019	0.1467	0.1793	0.1459	0.0731
2020	0.1904	0.2318	0.1736	0.0790
2021	0.2258	0.2899	0.1986	0.0990
2022	0.2476	0.3650	0.2544	0.1090

由表 2－10 所知，近十年，中国教育水平指数、科技水平指数、人才水平指数、综合水平指数均有较大提升，教育科技人才一体化发展稳健向好。

第四节　教育科技人才一体化的实现路径

构建教育、科技和人才的一体化，关键在于充分发挥它们之间的协同作用和整体效能。我们的目标是实现教育、科技和人才的有机统一，打造一个教育强国、科技强国和人才强国。目前，我们仍然需要整合教育、科技和人才之间的系统功能。在教育方面，关键在于将科技融入教学过程中，通过创新教育方式和教学资源的整合，提升学生的综合能力和创新素养。在科技方面，关键在于将科技成果转化为有效工具。通过推动科技研究与教育教学的深度融合，可以提供更多的创新教学资源和技术支持。在人才培养方面，关键在于建立多元化的人才培养机制。通过跨学科的综合培养、产学研结合的实践机会，培养出具有创新思维和综合能力的人才。更为关键的是加强中国共产党的领导作用，党的领导要贯穿教育、科技和人才事业发展的全过程，以实现中华民族伟大复兴为目标。

一、加强党的人才工作的领导

确保我国教育、科技和人才事业始终沿着正确的方向前进，建设教育、科技和人才强国是党的全面领导的重要职责。

党的全面领导是新时代中国特色社会主义教育、科技和人才事业不断前进的最大政治优势和根本保证。只有坚持党对教育、科技和人才发展的全面领导，充分发挥党的领导统揽全局、协调各方的优势，才能统筹调动各方面资源，确保教育、科技和人才一体化发展（陈涛，2023）。坚持党对教育、科技和人才工作的全面领导，需要通过履行党管方向、管宏观、管大局、管政策、管协调、管服务的基本要求。这样可以确保教育、科技和人才工作始终按照党中央的指引前进，正确把握整体发展大局，确定正确方向，并精确定位，在全社会建立起符合教育、科技和人才事业自身发展规律的体制机制。在推进中国式现代化的道路上，需要以习近平新时代中国特色社会主义思想为指导，坚决贯彻落实党中央对教育、科技和人才事业发展的各项决策部署。党的领导要贯穿教育、科技和人才事业发展的全过程，以实现中华民族伟大复兴为目标。

二、稳固教育的优先基础地位

党的二十大报告强调坚持教育优先发展，全面提高人才自主培养质量，着力造就拔尖科技创新人才。

教育在经济社会发展中具有基础性的角色，对于科技发展和人才培养起着直接的支持作用。没有教育的发展，科技和人才将失去基础性的支撑。在中国走向现代化的进程中，科技和教育兴国战略被赋予前所未有的重要性，党和国家对教育提出更高的标准和要求。教育必须与科技和人才的发展紧密关联和相互作用。通过教育培养创新型人才，引领人才的创新和创造，推动科技的创新，进而以科技创新和技术进步为基础打造创新型国家（段从宇，2023）。教育在传播科技知识和培养高端人才方面起着关键性的作用，尤其是在高等教育领域。高等教育是提升社会整体科技能力的基础，为高科技发展提供平台和智力支持。现代科技进步是现代高等教育发展的外部推动力，而科技发展本身也是高等教育的重要职责之一。同时，科技的发展和创新也将推动教育的进步和创新，即科技对教育的推动作用。因此，我们必须坚持优先发展教育，全面提高人才培养质量，创新人才选拔机制，加强科教融合和产教融合，着重培养有创新能力的人才。这样可以推动教育和科技的相互促进，为社会的科技进步和创新发展提供有力的支撑。教育需要面向中国式现代化建设需要，与承担社会生产创新功能的科技资源以及发挥劳动改造世界功能的人才资源相融合，推动各类教育载体从传统的教书育人角色转变为打造国家战略科技力量的教育、科技和人才一体化功能协同平台。

三、凸显科技创新的关键作用

习近平总书记指出："我国经济社会发展比过去任何时候都更加需要科学技术解决方案，更加需要增强创新这个第一动力。"

科学技术作为第一生产力，是中国创新发展的牢固基石。《国家创新驱动发展战略纲要》作为科技创新领域纲领性、全局性政策部署，指导教育、科技、人才和创新全面协同发展。科技是国家强盛之基，创新是民族进步之魂，在科技发展、人才培养和提高教育的过程中，我们要更加注重培养创新动力，充分发挥创新在人才培养、教育体系和科技发展建设中的核心作用，大力实施创新驱动发展战略，以人才发展科技，以科技推动创新，通过教育力量和人才力量强化科技力量。同时，加强教育、科技和人才对现代化建设的基础性和战略性支持，通过改革释放创新、创业和创造的活力。我们要面向世界科技前沿、经济主战场和国家重大需求，以科技创新推动经济发展质量、效率和动力的转变，提升科技文化水平，并集中力量提升教育和科技基础设施建设水平，增强科技创新能力和人才培养能力，打造具有中国特色、全球竞争力和持续活力的良好创新生态环境。

四、重视人才培养的根本支撑

习近平总书记指出："人才是自主创新的关键，顶尖人才具有不可替代性。国家发展靠人才，民族振兴靠人才。"人才是创新的基石，拥有一流的创新人才就拥有了科技创新的优势和主导地位。在教育领域，人才的成长既依赖于公平、合理、科学的国家教育体系的培养，也需要人才自身的努力和奋斗。这两者的协调使得各类人才能够不断成长壮大。在新发展阶段，必须把人才培养放在支撑位置，建设战略人才力量，夯实创新人才基础。

教育的发展旨在培养人才，而科技创新也需要人才的实践和创造力。为了深入实施人才优先发展战略，需要深化人才发展体制机制改革，打破束缚人才发展的观念和体制机制的障碍。在此基础上，应完善人才评价体系，加快建立以创新价值、能力和贡献为导向的评价体系，形成并实施有利于科技人才专注研究和创新的评价体系、绩效激励体系和成果转化体系。高等院校承担着人才培养、科学研究、创新等重要职能，作为未来发展的创新引擎和动力源泉，必须积极主动，增强自主办学能力，并在高等教育治理模式上实现深刻变革。重点是自主培养和培育出优秀的创新人才，这是我国科技自力更生的关键一环。为此，应推动纵向教育体系建立协同育人机制，并加强政府、学校和企业的合作，促进高等教育与基础教育的协同增强。同时，要充分发挥市场在人才资源配置中的决定性作用，加强政府的宏观引导，推动人才培养供给与产业发展需求的精准对接。应加强教育链与创新人才成长链的有机衔接，增强拔尖创新人才选拔和培养的针对性和有效性，推动建设世界级人才中心和创新高地，进一步打造具有国际竞争力的中国特色人才培养体系。

五、加快教育科技人才的融合

推进教育、科技和人才一体化的根本方法在于统筹兼顾。我们需要坚持统筹兼顾的方法，既要全面考虑教育、科技和人才一体化的整体性，也要协调好推进过程中各个方面的局部需求，并妥善处理它们之间的相互联系，避免片面地处理整体与部分之间的关系。首先要进行战略的融合，从战略视角，必须统筹兼顾科教兴国战略、人才强国战略和创新驱动发展战略“三大战略”的关系，以创新为核心，融合教育、科技和人才的关系。在推动发展过程中，我们必须有一个系统性的安排。这个安排应该在各个方面都有侧重，同时又能兼顾各方的需求。我们需要合理权衡相关的因素，明确“科技是第一生产力、人才是第一资源、创新是第一动力”这三者之间的内在必然联系。强调“三大战略”之间的有机融合、互为支撑、整体联动是非常重要的。首先，只有在综合考虑教育、科技和人才三大因素的基础上，才能够有效地推动我国的科技创新和发展。其次，对一体化目标进行整合，必须统筹兼顾教育强国、科技强国和人才强国的关系，以目标为导向系统推进教育、科技和人才一体化发展。一方面，我们要准确把握“三大强国”之间相辅相成、相互成就的辩证关系。我们需要深刻理解教育、科技和人才在中国式现代化发展中的重要性，并以一体化的战略思维来推进新时代教育强国、科技强国和人才强国“三位一体”目标的协同发展。另一方面，在广泛的教育系统下，只有教育、科技和人才三者既各司其职、各负其责又相互配合，才能实现有效的教育治理、科技治理和人才治理。只有这样，我们才能够确立明确的方向、遵循规范的章法，并凝聚强大的力量。如果各自为政、缺乏协同合作，就会呈现分散的状态，不仅无法实现我们所确定的“三大强国”目标，而且必然会影响中华民族伟大复兴的进程。因此，我们应当坚持协同发展的原则，促进教育、科技和人才的有机结合，为国家的发展注入更强劲的动力。

六、推动教育科技人才一体化发展

（一）健全教育科技人才一体化的协调发展机制

首先，需制定明确的政策和规划，以支持和激励教育和科技领域的人才培养与创新发展。首先，这些政策应促进教育部门与科技部门的合作，为人才培养和科技创新提供良好的发展环境。其次，应优化课程设置，与科技前沿和需求保持紧密对接，及时调整和优化教育课程，确保学生获得与之相匹配的知识与技能。同时，引入新的教学方法和技术，培养学生的创新思维和实践能力，提高他们在科技领域的竞争力。此外，还需加大科研支持，设立专项资金，支持教育机构和科技机构开展合作研究项目，打破学科和机构之间的壁垒，实现资源共享和优势互补。另外，要加强对教育科技领域的师资培养和引进，吸引优秀的教育和科技人才从事教学和研究工作。同时，提供师资的培训和专业发展机会，提升他们的教育教学水平和科技创新能力。最后，加强产学研合作，建立紧密合作机制，促进教育机构、科技企业和研究机构之间的合作，共同开展人才培养和创新研究项目。通过实践和跨界合作，将教育科技人才更好地融入实际产业需求，提高他们的应用能力和创新能力。

建立健全的教育科技人才一体化协调发展机制，可以促进教育和科技的良性互动，推动人才培养和科技创新的协同发展，为社会提供更优质的教育和科技创新成果。

（二）健全教育科技人才一体化的政策法规体系

我国的教育法规体系、科技法规体系和人才法规体系已逐步完善，但这些法规大多是针对各自行业内部的行为规范，存在一定的局限性，并且彼此之间缺乏必要的衔接，对于实现教育、科技和人才的一体化发展缺乏相关法律规定。因此，首先，需要制定综合性的政策文件，明确促进教育、科技和人才一体化发展的目标和政策导向。这些政策文件应跨越教育、科技和人才领域，确保政策之间的协同性和一致性，避免产生不一致或冲突的情况。其次，建立教育、科技和人才资源共享的平台，打破学科和机构之间的隔阂，促进资源的有效整合和优势互补。通过共享平台，可以实现教育资源、科技成果和人才培养资源的共享，推动教育、科技和人才的全面发展。最后，加强法律规范的制定和执行。针对教育、科技和人才的发展，制定有针对性的法律法规，明确相关权责和规范。加强对教育科技领域的监管和法律保障，建立健全的知识产权保护制度，推动教育科技创新和人才培养的合法、规范发展。

建立健全的教育科技人才一体化的政策法规体系，能够促进教育、科技和人才的协同发展，为培养具备创新能力和适应未来科技发展的人才提供有力支持和保障。

（三）健全教育科技人才一体化的科学评价体系

首先，应该考虑教育、科技和人才三个领域的综合发展情况，建立相应的多维度评价指标体系。这个指标体系应该包括量化指标，例如，学生科技素养水平、科技成果转化率、人才培养质量等，以及定性指标，例如，创新教育模式的实施情况、科技人才的跨界合作能力等。其次，评价体系的建设需要依托数据共享和开放合作的机制。各教育机构、科研机构、人才引进机构应该共享相关数据，提供可靠的数据支持。同时，还可以开展跨领域合作研究，促进不同领域之间的交流与合作，提高评价体系的科学性和有效性。最后，应该定期进行评估和检查，并根据评估结果进行动态调整。这可以让我们及时发现问题、弥补不足，并确保评价体系的有效性和可靠性。评估结果应及时反馈给教育、科技和人才培养的相关机构，用于改进和优化相关政策和措施。建立科学评价体系，针对教育、科技和人才的协同发展提供科学依据和指导，并需要与相关政策的支持和配套措施相结合，形成一个完整的政策环境。

参考文献

[1] 崔明明，郝富军．教育、科技、人才工作一体化背景下我国科学教育政策演进逻辑与调适路径研究［J］．国家教育行政学院学报，2023（6）：88－95.

[2] 程绍明．青年科技人才分类评价指标体系构建［J］．质量与市场，2022（18）：139－141.

[3] 陈涛，刘鉴漪．中国式现代化强国战略：政策特征、逻辑关系及支撑路径——基于教育、科技、人才三合一体系的政策分析［J］．重庆高教研究，2023，11（2）：23－35.

[4] 段从宇．中国式现代化进程中教育、科技、人才一体推进的理论逻辑与实施路径［J］．学术探索，2023（3）：124－128.

[5] 董自程．教育支撑教育、科技、人才一体化发展的价值逻辑和可为空间［J］．教育评论，2023（1）：10－17.

[6] 范冬萍，颜泽贤．论可持续发展的系统结构［J］．自然辩证法研究，1997（3）：38－40.

[7] 鞠斐，袁野．产业创新型人才评价指标体系构建与实践探索［J］．创新创业理论研究与实践，2022，5（22）：5－7.

[8] 柯小霞．新时代职业教育质量评价指标体系构建［J］．科技创业月刊，2023，36（2）：166－169.

[9] 刘静．基于层次分析法的职业教育评价指标体系建立与优化［J］．现代职业教育，2023（28）：17－20.

[10] 李丽阳．产教融合视域下高职院校创新创业教育评价指标体系构建［J］．湖北开放职业学院学报，2023，36（17）：18－20.

[11] 李率男，王懿，曹瑾，等．创新驱动发展战略下科技人才评价指标体系建设研究［J］．中国科技人才，2023（2）：46－60.

[12] 李玉楠，孟舒慧，刘锦，等．河南省科技创新发展评价指标体系研究［J］．

科学技术创新，2023 (26)：223－228.

[13] 孙警，郭敏，张利雄．区域经济发展水平评价指标体系研究综述 [J]．经济视角，2016 (5)：96－101.

[14] 伍汗飞．教育、科技、人才一体化的生成逻辑、内在机理与实现路径 [J]．深圳职业技术学院学报，2023，22 (4)：11－18.

[15] 王文琪．黑龙江省科技成果评价指标体系的构建与对策建议 [J]．技术与市场，2023，30 (10)：115－121.

[16] 云杉．我国经济发展水平评价指标体系新探 [J]．人才资源开发，2014 (18)：38－40.

[17] 尹元福．社会经济生活水平评价指标体系研究 [J]．商业时代，2010 (35)：8－9.

[18] 张会庆．复杂科学视域下教育科技人才"三位一体"协同发展的逻辑与路向 [J]．教育评论，2023 (7)：14－22.

[19] 郑金洲．教育、科技、人才一体化发展：内在逻辑与困境突破 [J]．南京师大学报（社会科学版），2023 (3)：5－15.

[20] 张炜，王良，张维佳．教育、科技、人才一体化统筹推进中国式现代化的科学内涵与多重逻辑 [J]．北京教育（高教），2023 (10)：35－38.

[21] 张熠，倪集慧．科技创新人才评价指标体系构建 [J]．统计与决策，2022，38 (16)：172－175.

[22] 张志刚，陈宝明．教育、科技、人才三者比较研究及协同机制构建——基于人才培养机制的视角 [J]．山东师范大学学报（自然科学版），2023，38 (2)：173－178.

第三章　教育科技人才一体化的地方政策文本分析

党的二十大报告指出："教育、科技、人才是全面建设社会主义现代化国家的基础性、战略性支撑。必须坚持科技是第一生产力、人才是第一资源、创新是第一动力，深入实施科教兴国战略、人才强国战略、创新驱动发展战略，开辟发展新领域新赛道，不断塑造发展新动能新优势。"应积极探索推进教育、科技、人才"三位一体"协同融合发展。

教育、科技、人才三位一体协同融合发展为中国式现代化建设提供了有力支撑（冯江，2022）。认为教育、科技、人才是全面建设社会主义现代化国家的基础性、战略性支撑，提出了施行路径将教育、科技、人才作为一个相互作用的有机整体协同推进，开辟发展新领域新赛道，不断塑造发展新动能新优势（郑金洲，2023）。讲述了教育、科技、人才一体化发展的内在逻辑和存在的困境，从现代化的关键变量、核心要求、动力机制和要素聚集四个方面分析了教育、科技、人才一体化发展的必要性和重要性（伍汗飞，2023）。从理念、体系、能力、研究、标准五个方面提出了教育、科技、人才一体化发展的治理思路和建议。提出了教育、科技、人才一体化发展的实现路径，认为这是一种系统工程、协调发展和创新驱动的综合实践。

然而，很少有人对国家和地区教育科技人才一体化的地方政策进行文本分析，那么我国中央和地方关于教育科技人才一体化使用的政策工具情况是怎么样的？不同的时期使用的政策主题有什么变化？河南省关于教育科技人才一体化有什么举措？能够在其他省份中得到什么启示？

第一节　研究设计

一、数据来源

本章主要以2012—2023年的省级层面颁布的题目中含有“教育、科技、人才一体化”及相关政策为研究对象，为了分析河南省政府政策发展脉络，总结其中的演变过程。所选的样本满足以下四个条件：一是政策发文单位为地方政府及相关部门，中央政府发布的政策不纳入分析范围之内；二是政策主题和内容与教育、科技、人才、一体化关系密切；三是政策类型为“通知”“方案”“指导意见”等可以在文件中读出政府态度和方向。本章依据特定政策文本数据收集思路，截至2023年10月20日，我们搜集了包括法律法规、规划、计划、意见、通知、办法、条例等在内共计418条，主要来自北大法宝数据库收集数据375份，其他来源还有有关部门官方网站、相关官方微信公众号等搜集数据43份。然而，一部分政策文本主要强调大局观念，未对科技、人才、教育等提供实质性的指导和解释。因此，在整理和分析政策文本的过程中，我们有针对性地剔除了这类数据信息。通过层层筛选，最终选取了与主题高度相关的836条信息，作为研究分析的基础样本，进而构建了科技、人才、教育政策文献数据库，以便进行政策计量分析。

二、研究方法

通过研读上述政策文本，本章的政策工具分类方法采用麦克唐纳尔和埃莫尔（McDonnell & Lmore）的分类，把地方政府推进数字人才建设的政策工具分为四大类（见表3-1）：一是权威工具。它是指政策制定者通过使用合法的权威，指示目标群体必须进行某些活动，主要包括通过要求、责任、标准、监管、命令等方式让目标群体遵守和服从。二是激励工具。

它是指通过奖励和惩罚来激励目标群体实现预设政策目标，或者通过号召、呼吁等手段引导相关企业完成相应任务。主要包括奖励、惩罚、授权、经费、呼吁、号召、税收政策、补贴和优惠等。激励工具通过提供奖励、惩罚、呼吁来引导行为。三是能力建设工具。它是指通过向目标群体提供教育培训、硬件支持等使其有能力达成预设政策目标，主要包括支持引导、制度建设、政策倾斜、平台建设等。这类工具侧重于提升个人、组织或社会的能力和技能，以推动政策目标的实现。四是系统变革工具。它是指通过建立新组织、改变制度、政策和组织结构、对职能重新界定、权力重新分配等形式来实现组织结构变革和权力转换，从而实现政策目标。这类工具旨在通过组织或制度的重新设计，实现全面的系统变革来实现政策目标。根据地方政府政策文本的具体内容和政策走向，将政策主题划分为科技（250 个）、人才（245 个）、教育（341 个）三个维度。根据上文所示，构建了地方政府促进数字技能人才建设的政策内容整理研读研究的二维分析框架。

表 3 – 1　　政策工具的分类及其表现形式

政策工具类型	具体政策工具
权威工具	要求、责任、标准、监管、命令
激励工具	奖励、惩罚、授权、经费、呼吁、号召、税收政策、补贴
能力建设工具	支持引导、制度建设、政策倾斜、平台建设、教育培训
系统变革工具	建立新组织、改变制度、政策和组织结构、对职能重新界定、权力重新分配

三、信效度分析

为了保证内容分析的可靠性并消除研究者的主观偏见，本章参考了 Viney 的研究方法来评估政策分析的信度问题。在政策分析过程中运用了分组交叉的三角验证法对政策文本测量结果进行了信度检验。具体如下：本章指派了三名研究人员按照文本编码处理的分析思路进行政策编码，并根据他们的编码结果评估分析过程中的一致性，从而判断分析结果的可信度。本章将编码一致性系数 α 定义为 $\alpha = 3 \times A/(x1 + x2 + x3)$，其中 A 代表三位政策内容分析研究人员在编码过程中完全一致的编码数量，而 $x1$、$x2$、$x3$ 分别代表三位内容编码人员各自的编码数量。当 $\alpha \in [0.8, 0.9]$ 时，说明信度结果可以接受；当 $\alpha > 0.9$ 时，说明研究结果具有较高的信度。经过计算，本章对科技人才政策的分类编码结果信度值为 0.84，表明研究得出的编码结果是可信的。

第二节　数据分析

一、政策随时间的变化过程

河南省作为中国中部地区的重要省份，近年来在科技、教育、人才等方面取得了显著的进步和发展。从我们收集到的政策文件来看，河南省在近十年相关的政策发布量是平稳增加的。在 2019—2022 年，因为新冠疫情的影响，相关政策的发布有所减少。这说明河南省政府对科技、教育、人才等领域的重视程度和投入力度不断加强，为推动经济社会发展提供了有力的制度保障。

从政策类别分布来看，教育、科技类别的政策呈现出稳定的上升趋势，说明政府对科技、教育有大力支持。这些政策涉及了教育改革、学校建设、师资培养、科研项目、科技创新、成果转化等多个方面，旨在提高教育质量和水平，促进科技创新和发展，增强河南省的核心竞争力。人才类别的政策呈现出稳定但略微减少的趋势，人才方面的政策更多地和科技、教育政策相融合。这些政策包括了人才培养、引进、激励、评价、流动、服务等多个方面，目标是打造一支高素质、高层次、高效能的人才队伍，为河南省经济社会发展提供人才支撑。

人才、科技、教育本身就是相互依存的关系，三者不断融合有助于政府政策更好地落地和跟进。河南省近十年发布的相关政策文件反映了河南省政府对这三个领域的高度重视和积极支持，也展示了河南省在这三个领域取得的成就和进步。本章为进一步深入探讨河南省科技、教育、人才发展战略提供了基础数据和参考依据（见图 3－1）。

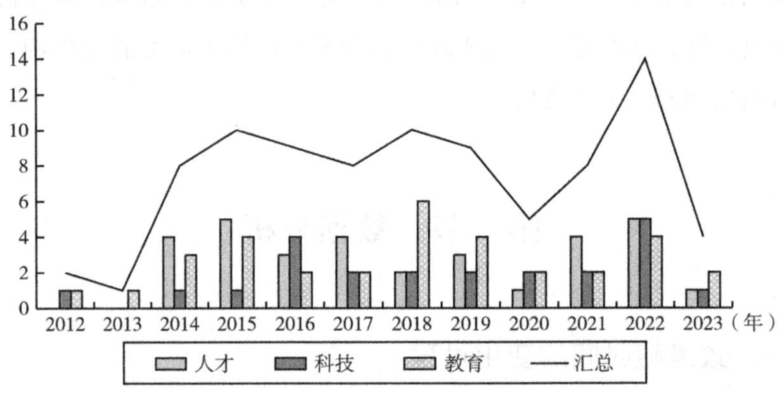

图 3－1　2012—2023 年河南省人才、科技、教育政策随时间变化情况

二、词频分析

根据 2012—2017 年以及 2018—2023 年的词云，分析两个阶段之间词频的变化，观察不同阶段的政策基调和政策导向。

首先在 2012—2017 年，人才、教育、科技、创新等词条占据频率最高的位置，在前五名最多的词条数量总和中，教育和人才分别占据 26.4% 和 21.8%。其次是社会、高校、企业、学校等，该阶段首要强调的是人才和科技等非共有平台的主体，着重强调人才在经济发展中的首要位置，推动河南省经济高质量发展的关键力量。因此在该阶段创新、教育、职业、发展这些词条都是围绕着教育为中心，从各个方面提升人才的质量，发挥出更大的作用（见图 3－2）。

第二阶段（2018—2023 年），与上一阶段不同的是，该阶段从以“人才”为中心转移到以“服务”为中心，随之词频最高的词条也变成了部门、建设、发展等。其中，词频排前几名的科技、服务、发展和创新的数

图 3－2　2012—2017 年政策词频云

量比较接近。不难发现，战略中心从“人才引育”转移到“人才服务”，对人才的数量和质量的提升作用都非常显著。在该阶段，河南省政府部门的词条频率快速增加，显示出河南省在政府层面上对公共服务建设的重视。在此阶段，政府和企业着重建设人才相关的保障制度和服务体系。(见图 3－3)。

图 3－3　2018—2023 年政策词频云

三、政策工具

（一）进行编码

本章采用内容分析法，以地方政府制定的教育科技人才的政策文本为研究对象，以政策条款为基本分析单元，对其进行政策工具的编码。按照“政策编号－主题内容－工具类型”的方式进行标注，对于使用多种政策工具的条款，通过反复阅读，将其归入更为突出的政策工具类别，最终形成编码表。在此基础上，本章构建了“政策工具—政策主题”的二维研究框架，对编码表中的数据进行分类和汇总，分析了地方政府推进教育科技人才的政策工具及其使用情况。通过统计分析发现，87 项政策文本中共使用了 836 次政策工具，为地方政府推进教育科技人才政策提供了多方面的分析和解读（见表 3－2）。

表 3－2　地方政府教育科技人才政策文本“具体举措”内容分析编码举例

序号	政策名称	政策文本内容分析单元	编码	政策工具类型
1	河南省保障税收服务发展条例	省人民政府……应当做好……	1－1－3	权威工具
		落实国家税收优惠政策……税收优惠……服务……	1－2－3	激励工具
		税务机关应当加强大数据创新……完善……体系	1－1－3	权威工具
	…	…	…	…
87	河南省实施《中华人民共和国残疾人保障法》办法（2012 修正）	……对伤残军人、因公致残人员……给予优待和抚恤	87－2－3	激励工具
		积极培训……加强……	87－3－1	能力建设工具
		有关部门指定……公共图书馆应当……	2－1－4	权威工具

在对数据库中的政策文献进行编码后，可以根据这些编码对文献内容进行统计。这个过程分别统计不同主题下各个政策工具类型的使用情况。这些统计结果将被用来生成表格（见表 3－3）。

表 3-3　各主体中不同政策使用情况

	教育	科技	人才
激励工具	44	55	62
能力建设工具	85	78	51
权威工具	185	89	109
系统变革工具	35	30	26

（二）X 维度分析

在政策工具维度相关 836 项编码政策中，权威工具占最多（380 条，占 45.45%），这表明政府在自上而下的政策建设上是主导力量。这种方法有很强的目标导向和政策约束，但也容易形成一种命令式的管理模式，阻碍了相关部门的主动性和创新性。这表明政府缺乏创新性和地域特色。能力建设工具次之（211 条，占 25.24%），之后是激励工具（160 条，占 19.14%），最后是系统变革政策工具（88 条，占 10.53%）。由此得出结论，政府强调了对经济增长的长远投入和建设，期望通过政策倾斜、制度建设等手段，在人才、科技、教育等领域提升水平。政府在制定政策时更加倾向于使用"权威工具"。权威工具具有明确的法定性，能够直接规定目标群体必须遵守和服从政策，强制性强，确保政策的执行。使用权威工具可以快速推动政策的实施，尤其对于紧急、重要政策问题。而且政府可以通过监管、对目标群体进行有效的控制和监督，确保他们按照政策行动。但是权威工具往往是一种比较僵硬的方式，缺乏灵活性，可能会限制了创新和灵活应变能力。过度使用权威工具可能会引起目标群体的抵触和反抗，导致效率低下。

因此，在政策实施的过程中，政府需要在权威工具的基础上，灵活运用多种手段，以便更好地适应各种情况。政府应加强对目标群体的沟通和参与，建立起一种共同参与的氛围。通过开展公开听证会、座谈会等形式，让目标群体能够表达他们的看法和需求。这样一来，政策制定者可以更好地了解实施政策可能产生的影响，并及时进行调整和改进。政府也可以鼓励创新和灵活性，给予企业、社会组织等各方更多的自主权。例如，可以建立一套灵活的政策执行机制，允许目标群体在一定范围内自行选择实施方式，从而提高政策的适用性和执行效率。政府还可以采用激励措施，引导目标群体自觉遵守政策。通过给予奖励或者优惠政策，激发目标群体的积极性，使其自发地参与政策的实施。

综上所述，权威工具可以与其他政策工具相辅相成。政府需要在保持权威的同时，灵活运用各种手段，以确保政策的高效实施，最终实现既定的政策目标。这样，才能更好地满足社会各界的需求，实现共同发展繁荣。

（三）Y 维度分析

在对政策编码进行分析时，其中与教育相关的有 341 条，教育系统提供了一个培养人才的重要平台。它不仅传授知识，还培养了创新能力、批判性思维、解决问题的能力等关键技能。了解前沿技术的发展趋势，可以为科技创新提供坚实的基础；与人才相关的有 245 条。人才的创造力、创新能力以及对新技术的接受和应用，直接影响到科技的发展速度和方向。与科技相关的有 250 条。科技在教育中的应用，如在线教育、智能化教学工具等，可以提升教育的效率和质量。

人才、教育和科技之间存在密切的内在联系，它们相互影响和促进彼此发展。以下是它们之间的相互机理：

1. 人才是关键驱动力

人才是推动科技和教育发展的核心要素。具有高素质的人才队伍能够在科技创新和教育领域发挥重要作用。教育系统是培养和造就人才的重要途径。通过提供高质量的教育，可以为社会提供具备先进知识和技能的人才，这些人才将成为科技领域的中坚力量。

2. 教育是人才的培养基地

教育系统提供了一个培养人才的重要平台。它不仅传授知识，还培养了创新能力、批判性思维、解决问题的能力等关键技能。通过教育，人们可以获取到最新的科技知识，了解前沿技术的发展趋势，从而为科技创新提供了坚实的基础。

3. 科技推动教育革新

科技在教育中的应用，如在线教育、智能化教学工具等，可以提升教育的效率和质量。虚拟实验室、模拟软件等科技工具可以提供更直观、实践性的学习体验，促进学生对科学技术的理解和掌握。

4. 科技创新需要高水平人才支持

科技创新需要具备高水准技术和研发能力的人才。这些人才往往需要在教育系统中接受高水平的培训和教育。科技领域的人才往往需要具备跨学科的知识和技能，这就需要教育系统提供多样化、交叉学科的教学。

5. 人才是科技发展的主体

科技发展离不开人才的推动和实施。具备高水准技术的人才是科技创新和应用的主体。人才的创造力、创新能力以及对新技术的接受和应用，直接影响到科技的发展速度和方向。

总的来说，人才、教育和科技之间形成了一个相互促进、相互支持的生态系统。优质的教育可以培养高素质的人才，而高素质的人才又是科技发展和创新的动力源泉。科技的发展也为教育提供了新的工具和方法，使教育更具普及性、针对性和高效性。因此，这三者之间的内在联系是推动社会进步和发展的重要动力之一。

第三节　经验启示

一、政策现状

第一，从“政策工具”使用层面看，地方政府主要使用的为“权威工具”占比45.45%。鉴于“权威工具”是一种强制性的政策手段，它可以有效地规范数字人才市场的秩序，保障数字人才的合法权益，促进数字人才的流动和配置。例如，出台认定标准、评价体系、管理制度等方面的规定。但是，“权威工具”也存在一些局限性和风险，如可能引发相关部门的抵触情绪，降低相关部门的自主性和创造性等。因此，在使用“权威工具”时，需要注意平衡好权力与责任的关系，尊重政府、企业、机构的个性和选择，避免过度干预或限制相关部门的发展空间。地方政府次之使用的为“能力建设工具”占比 25.24%。“能力建设工具”是一种长期性的政策手段，它可以有效地激发数字人才的积极性和主动性，增强相关机构的长期潜质，以提高人才、科技、教育的长期发展质量，但是，“能力建设工具”的弊端主要表现为较大的不确定性，效益难以测量和建设周期长等问题，如果过度使用能力建设工具，忽视学科建设的短期规划，则易导致快速“跃进式”建设，加上长期能力建设难以测量并且时间遥远，很可能会造成资源的浪费。从“政策工具”使用层面看，地方政府最少使用的为“激励工具”和“系统变革工具”。“激励工具”是一种动态性的政策手段，它可以有效地激发数字人才的积极性和主动性，增强企业、机构的归属感和忠诚度，促进人才、科技、教育的创新和发展。“系统变革工具”的使用情况尤为不足，则将影响人才教育、科技建设政策工具的优化组合，在一定程度上也会造成政策工具在落实上的结构失衡。

第二，科技、教育人才政策过度侧重于短期效益和数量指标，导致了一种急功近利的氛围。在这种情况下，科技创新和人才培养往往更注重“速度”而非“质量”。许多项目和课程的开展往往以迅速取得成果或毕业生的数量为首要目标，而忽略了对质量和深度的追求。在追求短期效益和数量指标的政策压力下，一些科研机构可能会过于追求发表大量论文和提升影响因子，而忽视了论文质量和创新性。这导致了学术不端和重复造假现象的频发，严重损害了科研领域的学术诚信和信誉。学术研究的本质应当是探索新知识、推动科学进步，而不是为了满足短期指标而忽视学术质量。

在科技领域，这种急功近利的倾向使一些研究项目更倾向于选择已有成果的延伸或小幅度改进，而忽视了对基础研究和前沿探索的支持。长远的科技创新往往需要耗费较长的时间和资源，长期的科技发展和高水平的人才培养需要耐心和坚持，需要给予科学家和教育者足够的时间和资源，以保证其在研究和教学方面取得真正的成果。但这种“速成”思维可能会导致对于潜在重大突破的忽视。

在教育人才培养方面，追求高毕业率和就业率的压力使教育体系更趋向于培养符合市场需求的“短板人才”，而忽略了学生综合素质和创新能力的全面提升。一方面，快速的学历证书获取成为了人才培养的首要目标，而教学质量和学生思维能力的培养往往受到了次要关注。另一方面，一些高校可能会为了提高毕业率和就业率，而将重心放在了迅速培养出大量毕业生上，而忽视了学生的素质和能力培养。这种功利倾向可能会导致教育水平的下降和人才质量的下降，使毕业生在实际工作中难以胜任，这种短期导向的政策取向也直接影响了科技创新的持续性和人才培养的深度，也影响了整个教育体系的声誉和质量。

第三，科技、教育人才政策在对社会需求和市场导向的关注方面确实存在明显不足。这导致了科技创新与实际需求之间的脱节，以及人才培养结构与市场需求的失衡。对科技创新的影响表现在：科技项目的选择往往缺乏对社会需求的前瞻性分析，导致一些项目的研究方向与实际需求存在脱节。部分项目可能在实践应用中难以找到合适的场景，从而陷入“研究成果孤岛”的困境。在这种情况下，科技创新的成果难以为社会和经济发展提供直接有效的支持。此外，缺乏有效的科技成果转化机制，使得一些优秀的研究成果无法顺利地转化为实际应用，这进一步加剧了科技创新的供需失衡。对人才培养的影响表现在：在人才培养方面，教育体系往往与市场需求不够贴合，导致培养出的人才在实际工作中可能会面临一定的适应困难。一方面，一些专业的设置和课程设置可能无法及时地跟随市场的发展变化，使得毕业生在就业过程中可能需要额外的培训或补充学习。另一方面，一些领域可能会出现人才供过于求的情况，导致毕业生就业困难，甚至才华横溢的人才也难以找到与其实际能力相匹配的工作岗位。

为了解决这些问题，政策制定者应当更加关注社会需求和市场导向，建立起科技创新和人才培养与实际需求相匹配的机制。这包括了加强前瞻性调研、设立产学研合作机制、促进科技成果的转化与应用，并且需要建立灵活的人才培养机制，以满足市场的多样化需求，为人才提供更广阔的职业发展空间。这样一来，科技创新的实用性和人才培养的灵活性将得到有效提升，也将更好地支持社会的可持续发展。

第四，科技、教育和人才政策在顶层设计和协调机制方面存在明显的不足，导致各级部门、各地区间政策的制定和执行存在明显的碎片化和隔阂。这种情况使得各方政策往往难以形成有效的整体合力，甚至在某些情况下可能出现政策之间的直接冲突。在实际运行中，科技、教育和人才政策的执行机制未能形成良好的协同互动，造成了政策落地执行时的困难。由于缺乏一个统一的顶层设计，许多政策往往在具体实施环节上出现了诸多难题。各级部门在政策推行方面缺乏明确的指导，容易产生理解偏差，甚至将政策解读为相互矛盾的指示，这直接影响了政策的有效执行。

首先，各级部门在科技、教育和人才政策的制定和执行方面呈现出碎片化和隔阂的状态。缺乏一个统一的战略规划和顶层设计，导致各部门在政策制定时存在一定的自由裁量权，这容易造成政策之间的不协调和冲突。地区可能会偏向于制定偏重经济发展的政策，而忽视了教育和人才培养，导致了资源的不均衡分配。其次，由于缺乏顶层设计，各级部门在政策的具体执行过程中缺乏明确的指导和标准，容易产生理解偏差。这可能导致政策执行的偏差和失效，影响到政策的实际效果，导致政策效果大打折扣。最后，科技、教育和人才政策的执行机制也未能形成良好的协同互动。各部门之间缺乏有效的信息共享和协作机制，导致政策在落地执行时遇到了诸多困难。例如，教育部门和执法部门之间可能存在信息不对称，造成了政策执行时的摩擦和障碍。

二、政策建议

第一，相关政策一体化。应积极优化政策工具的使用结构，提升政策工具组合的均衡性和结构的合理性。不同的政策工具有其自身的优劣势和使用条件，只有当政策工具科学合理地进行组合使用，才能达到相应的政策效果。目前，地方政府支持教育科技人才建设的政策工具中，“激励工具”和“系统变革工具”使用过少。“系统变革工具”可以推进教育科技人才建设机制的变化、权力的重组、体制的变革，目的是引导体制机制创新，保证政策建设预期目标的实现。因此，地方政府应该增加这两类政策工具在人才、科技、教育建设中的使用比例和频率。充分发挥当地政府的主动性与创新性是很重要的，鼓励在不同层次、不同领域办出特色的同时也要有能够整合上下资源，心往一处想，劲往一处使。在制定数字化人才政策时，应综合运用不同类型的政策工具，以更好地应对挑战和促进人才培养。重视“系统变革工具”和“激励工具”的应用，可以在舆论引导、能力培养和激励方面取得积极的效果。地方政府应该增加“激励工具”的使用频率和力度，通过奖励、惩罚、呼吁等方式，激发人才、科技、教育相关机构的积极性和主动性，增强企业、机构的归属感和忠诚度，促进人才、科技、教育的创新和发展。同时，地方政府应该合理确定激励的标准和方式，考虑多元需求和差异特征。

因此，政府应该尊重当地的本土特色和优势，在给予地方院校和企业足够的自主权和决策权的同时，让当地政府根据自身的发展水平和需求进行新的布局和调整。此外，还应注重监测和评估机制，及时调整政策工具的使用，确保政策的有效性和可持续性。

第二，引导长期发展思维。政策制定者应该更加注重科技、教育人才政策的长期发展，避免过于短视地追求短期效益和数量指标。加强学术诚信教育：针对学术不端现象，加强学术道德和诚信教育，提高科研人员的学术操守，促进科研环境的健康发展。在政策设计时，应该考虑到科技创新和人才培养的可持续性，为其提供足够的时间和资源。鼓励制定长期的科技创新发展规划，明确未来5至10年的科技发展方向和目标。这将有助于引导科技研究者更好地聚焦于具有长远意义的研究方向，避免过度追求即时的短期成果。

加强质量导向的评估机制。建立科研成果和教育质量的评估体系，不仅关注数量指标，更要注重质量和创新性。对于科研成果，可以引入双盲评审机制，遏制学术不端行为；对于教育质量，可以建立学生综合素质评估体系，鼓励学校培养具有实际能力的毕业生。政策制定者可以通过建立质量评估机制，对科研成果和人才培养质量进行评估和监督。强调质量的重要性，避免过分追求数量，从而保证科技创新和人才培养的高水准。

鼓励长期投入和稳定支持。政府和相关部门应当为科研项目和教育机构提供稳定的资金支持，鼓励科研人员和教育者在长期发展上进行投入，避免因短期目标而影响了长期的科技创新和人才培养。针对基础研究和前沿科技领域，政府可以提供更为长期和持续的支持。鼓励科研人员在这些领域进行深入探索，为未来科技发展奠定坚实基础。确保科研项目的资金支持稳定，避免因为短期成效的追求而导致项目的中断或终止。这样可以为科研人员提供更长久的科研环境，培养出更多具有深度和广度的科研成果。建立科技成果转化的有效机制，鼓励研究人员将研究成果转化为实际应用。政府可以提供相应的奖励政策，推动科研成果在市场中发挥实际效益。

通过以上建议，可以引导科技、教育人才政策更加关注长期发展，避免过度侧重短期效益和数量指标，从而为科技创新和人才培养提供更为有力的政策支持。这也将有助于建立一个更加健康、持续发展的科技、教育体系，为国家的长远发展奠定坚实基础。

第三，科技、教育人才政策应当更加注重与产业发展的紧密结合，以确保科技创新和人才培养能够有效地服务于经济和社会的实际需求。加强与产业的衔接表现为：科技政策应当与产业政策相互衔接，明确技术创新与产业发展的契合点。政府可以通过建立产学研合作平台、支持技术企业孵化器等方式，促进科技成果的产业化和商业化。同时，也应鼓励企业参与科技研发，加强产业需求与科技创新之间的对接。强化技术转移与应用表现为：为了缩短科技成果从实验室到市场的转化周期，政策制定者可以引导科研机构与企业建立紧密的合作关系，鼓励科研人员参与实际生产。此外，可以建立技术转移中心或平台，提供专业的技术转移服务，将科技成果快速推向市场。强化市场导向的人才培养表现为：教育政策应当根据市场需求和产业发展动态，灵活调整专业设置和课程设置，确保人才培养与市场需求保持高度契合。同时，还可以鼓励学校与企业合作，开展实践教学，让学生在实际工作中锻炼技能，增强应用能力。建立职业发展路径表现为：政策制定者可以引导企业建立完善的职业发展体系，为员工提供明确的职业晋升通道。同时，还可以鼓励员工参与职业培训和继续教育，提升其在职场上的竞争力。

综上所述，科技、教育人才政策应当注重社会需求和市场导向，加强与产业发展的衔接，推动科技创新和人才培养更好地为经济社会发展服务。这不仅需要政策制定者在政策设计时充分考虑实际需求，也需要建立起科技、产业、教育、人才之间的良性互动机制，共同推动经济社会的可持续发展。

第四，建立一个统一的政策制定和执行机制。明确各级政府和部门的职责和权限，加强信息共享和协作机制，从而保证政策在全国范围内得到有序地、高效地推行，为科技、教育和人才发展提供更有力的政策支持。同时，也需要加强监督和评估机制，确保政策的落地执行符合预期目标，真正促进科技、教育和人才的全面发展。在基础建设上，积极构建覆盖教育、科技、人才的共享平台，加强平台的辐射效应，建立跨区域校企联合数字化平台，开展产学研协同、产教融合，完善和优化数字化人才站等合作模式。建设跨地区、跨国研发机构、创客空间、创新创业孵化器。促进区域产业结构升级，推动经济实现高质量发展。规范数据采集和统计标准，形成统一规范的数字化服务平台。运用大数据等信息技术，建立产业数字化匹配动态评价机制，根据数字化供需和产业发展的实际情况，科学调整产业布局和规划，找到适合的发展道路。

参考文献

[1] 白彬，张再生. 基于政策工具视角的以创业拉动就业政策分析——基于政策文本的内容分析和定量分析 [J]. 科学学与科学技术管理，2016，37 (12)：92-100.

[2] 陈振明，张敏. 国内政策工具研究新进展：1998—2016 [J]. 江苏行政学院学报，2017 (6)：109-116.

[3] 冯江. 推动教育科技人才一体化发展　为中国式现代化建设提供有力支撑 [J]. 新长征，2022 (12)：29-32.

[4] 刘培军，何朝敏，赵双良. 地方政府推进一流学科建设政策：工具偏好及其匹配 [J]. 高教探索，2023 (1)：14-22.

[5] 伍汗飞. 教育、科技、人才一体化的生成逻辑、内在机理与实现路径 [J]. 深圳职业技术学院学报，2023，22 (4)：11-18.

[6] 郑金洲. 教育、科技、人才一体化发展：内在逻辑与困境突破 [J]. 南京师大学报 (社会科学版)，2023 (3)：5-15.

[7] Cardno C. Policy Document Analysis: A Practical Educational Leadership Tool and a Qualitative Research Method [J]. Educational Administration: Theory & Practice, 2018, 24 (4): 623-640.

[8] Bali A S, Howlett M, Lewis J M, et al. Procedural policy tools in theory and practice [J]. Policy and Society, 2021, 40 (3): 295-311.

[9] Elliott O V. The tools of government: A guide to the new governance [M]. OUP Us, 2002.

第四章　河南省教育发展现状与比较分析

第一节　河南省教育发展状况分析

随着日益变化的国际形势，知识越来越成为提高综合国力和国际竞争力的决定性因素，人才资源越来越成为推动经济社会发展的战略性资源，教育的基础性、先导性、全局性的地位和作用更加突出。发展和复兴归根结底靠人才，人才培养的基础靠教育。河南省想要实现经济的高质量发展，教育必定是基础。

一、河南省学前教育基本情况

表 4 - 1 是 2018—2022 年河南省学前教育基本情况。近五年来，河南省幼儿园数量呈现出总体上升的趋势，2021 年幼儿园数量达到最高 2.44 万所，但 2022 年较 2021 年幼儿园数量有所下降，减少了约 0.05 万所；学前教育专任教师数量呈现出逐年递增的趋势，2022 年较 2021 年数量增加最多，约增加 1.8 万人；在园幼儿数则呈现出递减的趋势。

2022 年，全省共有幼儿园 2.39 万所，其中普惠性幼儿园 1.99 万所，占总园数的 83.05%。在园幼儿 371.48 万人，其中普惠性幼儿园在园幼儿 323.5 万人，普惠性幼儿园覆盖率为 87.08%。学前教育毛入园率 91.80%。幼儿园教职工 41.32 万人，其中，园长 2.49 万人，专任教师 25.42 万人。专任教师学历合格率 99.82%，其中，专科及以上学历专任教师数占总数的83.27%，学前教育专业毕业占总数的91.46%。幼儿园占地面积9.19万亩，校舍建筑面积3360.7万平方米，图书3626.08万册，固定资产中的玩教具资产值69.46亿元。

表4-1　　2018—2022年河南省学前教育基本情况

年份	幼儿园数（万所）	专任教师数（万人）	在园幼儿数（万人）
2018	2.21	21.45	437.99
2019	2.32	22.62	430.87
2020	2.43	23.41	425.58
2021	2.44	23.62	399.48
2022	2.39	25.42	371.48

二、河南省义务教育基本情况

表4-2是2018—2022年河南省小学教育基本情况。近五年来，河南省小学数量呈现出逐年递减的趋势；专任教师数量呈现出上下波动的情况，2022年专任教师数量最多，达到60.72万人，较2018年约增加了10.7万人；在校学生数呈现出先增加后减少的趋势，在2020年数量最多，达到1021.59万人，2022年数量最少，为987.39万人；校舍建筑面积呈现出逐年递增的趋势。

表4-2　　2018—2022年河南省小学教育基本情况

年份	学校数（万所）	专任教师数（万人）	在校学生数（万人）	校舍建筑面积（万平方米）
2018	1.86	50.02	994.6	7065.68
2019	1.81	56.52	1012.48	7254.75
2020	1.77	52.39	1021.59	7460.59
2021	1.75	54.82	1011.87	7696.69
2022	1.69	60.72	987.39	7725.43

2022年，全省小学1.69万所，另有不计校数小学教学点1.17万个。毕业生167.60万人，招生148.38万人，在校生987.39万人（其中，教学

点在校生 52.49 万人）。共有 28.01 万个班，其中，56—65 人的大班 2603 个，占总班数的 0.93%，66 人及以上的超大班 44 个，占总班数的 0.02%。专任教师 60.72 万人，专任教师学历合格率 100.00%，其中专科及以上学历专任教师数占总数的 98.32%。另有小学校外教师 0.81 万人。

表 4－3 是 2018—2022 年河南省初中教育基本情况。近五年来，河南省初中学校数呈现出先增加后减少的趋势，2021 年数量最多，为 4726 所，2022 年较 2021 年数量减少了 68 所；专任教师数也呈现出先增加后减少的趋势，2021 年数量最多，达到了 39.60 万人，2022 年较 2021 年约减少了 3.52 万人；在校学生数呈现出逐年增加的趋势；校舍建筑面积同样呈现出逐年递增的趋势。

表 4－3　　2018—2022 年河南省初中教育基本情况

年份	学校数（所）	专任教师数（万人）	在校学生数（万人）	校舍建筑面积（万平方米）
2018	4519	31.43	451.88	5473.39
2019	4603	32.72	468.48	5834.18
2020	4695	37.82	472.14	6243.34
2021	4726	39.60	479.19	6651.13
2022	4658	36.08	493.02	6670.01

2022 年，全省初中 4658 所，其中九年一贯制学校 1235 所。毕业生 155.19 万人，招生 167.64 万人，在校生 493.02 万人。共有 10.29 万个班，其中，56—65 人的大班 939 个，占总班数的 0.91%，66 人及以上的超大班 23 个，占总班数的 0.02%。专任教师 36.08 万人，专任教师学历合格率 99.81%，其中本科及以上学历专任教师数占总数的 87.82%。另有初中校外教师 0.24 万人。

三、河南省高中阶段教育情况

表 4－4 是 2018—2022 年河南省普通高中教育基本情况。近五年来，河南省普通高中学校数呈现出逐年递增的趋势，2022 年较 2021 年增加了

80 所普通高中；专任教师数量呈现出先增加后减少的趋势，在 2021 年专任教师数量最多，达到 19. 15 万人；招生数量逐年递增；在校学生数量也呈现出逐年递增的趋势。

表 4 –4　　2018—2022 年河南省普通高中教育基本情况

年份	学校数（所）	专任教师数（万人）	招生数（万人）	在校学生数（万人）
2018	852	15. 33	72. 65	210. 06
2019	889	16. 30	74. 98	215. 88
2020	925	17. 31	78. 44	224. 86
2021	970	19. 15	85. 11	237. 69
2022	1050	18. 42	85. 45	250. 45

2022 年，全省普通高中 1050 所，其中完全中学 134 所，十二年一贯制学校 149 所。毕业生 72. 25 万人，招生 88. 45 万人，在校生 250. 45 万人。共有 4. 92 万个班，其中，56—65 人的大班 1270 个，占总班数的 2. 59%；66 人及以上的超大班 389 个，占总班数的 0. 79%。专任教师 18. 42 万人，专任教师学历合格率 98. 85%，其中研究生及以上学历专任教师数占总数的 11. 40%。另有高中校外教师 0. 14 万人。学校占地面积 12. 37 万亩，校舍建筑面积 4521. 17 万平方米，图书 4550. 23 万册，教学仪器设备资产值 51. 24 亿元。

表 4 –5 是 2018—2022 年河南省中等职业教育基本情况。近五年来，河南省中等职业教育学校数量呈现出先减少后增加的趋势，2022 年较 2021 年增加了 93 所，增幅较大；专任教师数量呈现出先减少后增加的趋势，2020 年数量最少，为 4. 61 万人，2022 年数量最多，为 5. 41 万人；招生数量整体上呈现出增加趋势，2022 年招生数量最多，为 54. 94 万人；在校学生数量呈现出逐年递增的趋势。

2022 年，全省中等职业学校 630 所，其中技工学校 95 所。毕业生 48. 86 万人，招生 54. 94 万人，在校生 150. 14 万人。中等职业教育招生数和在校生数分别占高中阶段教育的 38. 32% 和 37. 48%。教职工 7. 28 万人，其中专任教师5.41万人。学校（不含技校）占地面积5.19万亩，校舍建筑面积1793.53万平方米，图书2116.35万册，教学科研实习仪器设备资产值48.23。

表4－5　　2018—2022年河南省中等职业教育基本情况

年份	学校数（所）	专任教师数（万人）	招生数（万人）	在校学生数（万人）
2018	606	4.82	39.20	110.16
2019	574	4.77	42.09	111.06
2020	544	4.61	40.96	114.97
2021	537	4.79	44.25	118.00
2022	630	5.41	54.94	150.14

四、河南省高等教育情况

表4－6是2018—2022年河南省普通本、专科教育基本情况。近五年来河南省普通本科和专科学校数量、专任教师数量、招生数量以及在校学生数量都呈现出逐年递增的趋势。2022年较2021年除学校数量外，其余数量都有明显的增加。

表4－6　　2018—2022年河南省普通本、专科高等教育基本情况

年份	学校数（所）	专任教师数（万人）	招生数（万人）	在校学生数（万人）
2018	140	15.37	70.87	214.08
2019	141	16.21	78.88	231.94
2020	151	17.21	82.86	249.22
2021	156	18.40	89.32	268.64
2022	156	19.20	93.66	282.33

2022年，全省普通、职业本专科毕业生77.80万人，其中，本、专科毕业生分别为34.36万人和43.44万人，本、专科毕业生之比为4.4∶5.6。招生93.66万人，其中，本、专科招生分别为40.98万人和52.68万人，本、专科招生之比为4.4∶5.6。在校生282.33万人，其中，本、专科在校

生分别为 137.14 万人和 145.19 万人，本、专科之比为 4.9∶5.1。普通、职业高等学校教职工 19.20 万人。专任教师中副高级及以上专业技术职务 4.73 万人（其中，正高级 1.11 万人），占总数的 32.49%；硕士研究生及以上学历 9.00 万人（其中，博士研究生 2.60 万人），占总数的 61.85%；硕士及以上学位 10.49 万人（其中，博士学位 2.64 万人），占总数的 72.10%。普通、职业高等学校占地面积 22.54 万亩；校舍建筑面积 7620.88 万平方米；图书 2.20 亿册，教学科研实习仪器设备资产值 372.99 亿元。

表 4－7 是 2018—2022 年河南省研究生教育基本情况。近五年来，河南省研究生招生数、在校学生数、毕业生数都呈现出逐年递增的趋势，2022 年较 2021 年都有较大增幅。

表 4－7　2018—2022 年河南省研究生教育基本情况

年份	招生数（万人）	在校学生数（万人）	毕业学生数（万人）
2018	2.00	5.10	1.36
2019	2.10	5.54	1.61
2020	2.82	6.75	1.62
2021	3.05	7.97	1.74
2022	3.32	9.19	2.06

2022 年，全省研究生培养机构 27 所，其中，科研机构 8 所。研究生毕业生 2.06 万人（其中，博士研究生 629 人），招生 3.32 万人（其中，博士研究生 1379 人），在学研究生 9.19 万人（其中，博士研究生 5307 人）。

表 4－8 是 2018—2022 年河南省成人高等教育基本情况。近五年来，河南省成人高等教育学校数保持不变；专任教师数量整体上呈现出减少的趋势，2022 年较 2021 年减少数量较多，减少了 84 人；招生数量和在校学生数逐年递增。

2022 年，全省成人本、专科毕业生 27.48 万人，招生 33.43 万人，在校生 69.44 万人。成人高等学校教职工 861 人，其中专任教师 453 人。专任教师中副高级及以上专业技术职务 164 人，占总数的 36.20%；硕士研究生及以上学历 200 人，占总数的 44.15%；硕士及以上学位 247 人，占总数的 54.53%。

表 4－8　　2018—2022 年河南省成人高等教育基本情况

年份	学校数（所）	专任教师数（人）	招生数（万人）	在校学生数（万人）
2018	10	568	18.17	33.86
2019	10	570	21.28	42.03
2020	10	531	29.57	54.57
2021	10	537	30.81	63.74
2022	10	453	33.43	69.44

五、河南省特殊教育情况

表 4－9 是 2018—2022 年河南省特殊教育基本情况。近五年来，河南省特殊教育学校数量整体上呈现出上下波动的趋势，但波动幅度较小；专任教师数量呈现出逐年增加的趋势，增加的幅度也较小；招生数量上下波动，基本稳定；在校学生数量逐年增加。

表 4－9　　2018—2022 年河南省特殊教育基本情况

年份	学校数（所）	专任教师数（万人）	招生数（万人）	在校学生数（万人）
2018	149	0.40	0.99	4.39
2019	150	0.42	1.05	5.48
2020	149	0.43	1.01	6.30
2021	150	0.45	1.00	6.80
2022	151	0.45	1.04	6.98

2022 年，全省共有特殊教育学校 151 所，共招收各种形式特殊教育学生 1.04 万人，在校生 6.98 万人。教职工 0.51 万人，其中专任教师 0.45 万人。特殊教育学校占地面积 2007.52 亩，校舍建筑面积 64.26 万平方米，

图书 69.29 万册。

六、河南省民办教育情况

表 4-10 是 2018—2022 年河南省民办教育基本情况。近五年来，河南省民办幼儿园数呈现出先增加后减少的趋势，在 2021 年数量最多，达到了 1.82 万所；民办小学数量也呈现出先增加后减少的趋势，2022 年较 2021 年减少数量较多，减少了 290 所；民办中学学校数量呈现出先增加后减少的趋势，2021 年数量最多，2022 年较 2021 年数量减少了 40 所；民办中等职业学校数量呈现出先减少后增加的趋势，2021 年数量最少，为 142 所，2022 年较 2021 年增加了 26 所；民办高等学校的数量上下波动，但幅度较小。

表 4-10　2018—2022 年河南省民办教育基本情况

年份	幼儿园数（万所）	小学数（所）	中学学校数（所）	中等职业学校数（所）	高等学校（所）
2018	1.72	1865	1118	170	39
2019	1.81	1894	1223	157	39
2020	1.82	1894	1307	144	43
2021	1.81	1867	1340	142	45
2022	1.72	1577	1300	168	44

2022 年，全省共有各级各类民办学校 2.03 万所，在校生总数 622.90 万人，其中，民办幼儿园 1.72 万所，在园幼儿 228.53 万人；民办小学 1577 所，在校生 134.69 万人；民办初中 831 所，在校生 80.41 万人；民办普通高中 469 所，在校生 68.49 万人；民办中等职业学校 168 所，在校生 29.86 万人；民办普通（职业）高等学校 44 所（其中，本科学校 19 所），普通、职业本专科在校生 80.87 万人（其中，普通、职业本科在校生 44.17 万人），占全省普通、职业本专科在校生总数的 28.64%。

第二节　河南省教育发展状况的比较分析

一、各级学校数和教师数

表 4 - 11 反映了 2022 年六省各级各类学校数和教师数。在义务教育阶段，河南省学校数量、教师数量最多，但是平均每所学校教师数量最少。在高中教育阶段，河南省学校数量、教师数量也是最多的，但是平均每所学校教师数量低于广东省。河南省义务教育、高中阶段教育学校数量远超其他省份，这与河南省受教育人口数量大有关。在高等教育阶段，河南省高等教育学校数量达到了 156 所，尽管江苏省、广东省学校数量高于河南省，但是河南省教师数量较多。

表 4 - 11　　2022 年六省各级各类学校数和教师数

省份	义务教育		高中阶段教育		普通（职业）高等教育	
	学校数（万所）	教师数（万人）	学校数（所）	教师数（万人）	学校数（所）	教师数（万人）
河南	2.16	96.80	1680	23.83	156	14.55
广东	1.45	92.99	1493	21.06	161	13.58
江苏	0.64	—	—	—	168	—
浙江	0.50	36.89	996	11.71	109	7.84
湖北	0.75	—	—	—	130	—
安徽	0.93	43.90	928	11.70	121	7.10

河南省高等教育虽然体量较大，但质量不高，截至 2022 年，“双一流”高校仅有两所，即郑州大学和河南大学，低于其他五省。广东省“双一流”高校达到八所，江苏省“双一流”高校达到十六所，浙江省“双一流”高校有三所，湖北省“双一流”高校共计七所，安徽省“双一流”高校有三所。

二、各级各类学校学生数

表 4 - 12 显示了 2022 年六省各级各类学校学生数。在义务教育阶段，广东省学校招生数、在校学生数在六省中数量居于最高，河南省仅次于广东省。在高中阶段教育和高等教育阶段，河南省学校招生数、在校学生数、学校毕业生数均高于其他五省。这些都与河南省人口基数大有密切关系。

表 4 - 12　　2022 年六省各级各类学校学生人数

省份	义务教育			高中阶段教育			普通（职业）高等教育		
	学校招生数（万人）	在校学生数（万人）	学校毕业生数（万人）	学校招生数（万人）	在校学生数（万人）	学校毕业生数（万人）	学校招生数（万人）	在校学生数（万人）	学校毕业生数（万人）
河南	316.02	1480.41	322.79	143.39	400.59	121.11	93.66	282.33	77.80
广东	337.54	1537.66	—	109.82	306.00	—	79.56	267.09	—
江苏	185.80	855.90	178.20	72.20	202.40	—	71.00	221.90	57.40
浙江	123.74	562.42	—	53.73	159.46	48.46	40.25	125.33	34.63
湖北	—	567.68	—	54.24	155.43	46.81	55.58	177.26	47.16
安徽	151.10	699.20	148.90	69.70	192.90	62.00	46.20	155.40	41.90

表 4 - 13 反映了 2022 年六省普通（职业）高等学校专任教师人均负担学生数。由表 4 - 13 可知，浙江省专任教师人均负担学生数最少。

表 4 - 13　　2018—2022 年六省普通（职业）高等学校专任教师人均负担学生人数

单位：万人

年份	河南	广东	江苏	浙江	湖北	安徽
2018	18.55	18.14	15.52	16.08	18.31	18.53
2019	18.71	17.91	15.54	16.11	18.49	19.89
2020	18.68	19.61	15.99	16.32	18.43	20.86
2021	18.85	19.71	18.10	16.31	18.83	21.44
2022	19.40	19.67	—	15.99	—	21.89

2022 年全国普通本科在校生 1965.64 万人，专任教师数 131.58 万人；职业本科在校生 22.87 万人，专任教师数 2.78 万人；专科在校生 1670.90 万人，专任教师数 61.95 万人；全国高等学校专任教师人均负担学生人数为 18.64 人。河南省高等学校专任教师人均负担学生人数达到了 19.40 人，高于全国平均水平。

三、教育投入水平情况

教育投入是支撑国家长远发展的基础性、战略性投资，是发展教育事业的重要物质基础，是公共财政保障的重点。教育投入水平反映了一个国家或地区对教育的重视程度，是反映某一国家或地区某一时间段人力资本存量以及人力资本水平的最重要指标。一般而言，教育投入指数越高，总体发展能力和发展潜力越大。

图 4－1 呈现了 2022 年六省地方财政教育经费支出状况。从六省比较来看，广东省的地方财政教育支出远远高于其他省份，这与其高 GDP 有密切关系，发达的经济足以支撑其较高的教育经费。河南省虽然 GDP 总量位居全国前列，但由于其人口众多，其人均 GDP 在全国排名较为靠后。由图 4－1 可知，河南省教育经费高于湖北省、安徽省，但低于广东省、江苏省、浙江省。

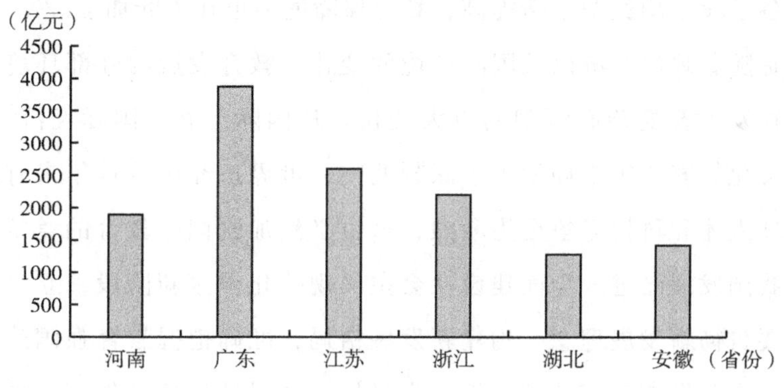

图 4－1　2022 年六省地方财政教育经费支出

河南省作为教育大省，2022 年河南省全省教育投入达到 1896.7 亿元，较上年增长了 6.17%，占一般公共预算支出的 17.82%。但由于其人口基数大，人均教育经费在全国排名便极为靠后。2022 年末，河南省全省 0—15 岁人口为 2266 万人，占全省人口的 22.95%，远高于全国平均水平 18.1%，故而有限的教育经费要提供给更多的义务教育人口，高等教育经费便更加不足。

第三节　主要实践与经验启示

教育是国之大计、党之大计。为加快推进教育现代化，构建高质量教育体系，建设教育强省，办好人民满意的教育，才是民众心之所向，才是实现中华民族伟大复兴的长久之计。2022 年，全省共有各级各类学校 4.99 万所，教育人口 2878.59 万人，其中，在校生 2682.31 万人，教职工 196.28 万人。近年来，河南省教育发展取得了很大进步。教育普及程度全面提升，教育质量稳步提高，基础教育教学质量显著提升，体育美育工作效果明显，劳动教育持续加强，高等教育不断发展，教育服务能力明显增强，教育综合改革不断深化，教育公平迈入新阶段。随着教育投入大幅度增加，各学段生均经费不断提高，教育保障能力也在不断加强。

但是随着政治经济以及国际环境的变化，教育发展的外部环境和内部条件也在发生着复杂而深刻的重大变化。从国际上看，国际经济、政治、科技、文化、安全等格局发生了深刻调整，世界正经历着百年未有之大变局，全球人才和科技竞争更为激烈，这也必然加剧国际教育的竞争。从国内看，我国发展已进入全面建设社会主义现代化国家新阶段，立足新发展阶段，要贯彻新发展理念，构建新发展格局，准确把握教育强国建设的战略定位，充分发挥教育的基础性、先导性、全局性地位和作用，加快培养创新型人才。从河南省情况看，纵然其在教育事业的发展上取得了长足的进展，但高等教育质量和学科竞争力方面的不足也需要引起重视。任何省份的发展都离不开教育提供的人才支撑和智力支持，河南省作为教育大省，对教育事业发展更要有更高的要求。

面对新形势、新挑战，河南省要着力补齐短板、铸造长板，提高教育质量，加快推进教育现代化、均等化，贯彻新发展理念、贯彻党的教育方针，坚持稳中求进的教育工作总基调，办好人民满意的教育。通过对河南省教育情况以及对中国部分省份教育情况的分析，结合国家教育规划，我们得到了一些有益的启示，希望助力于解决河南省教育中存在的问题。

一、深化教育领域综合改革，完善教育经费投入机制

进一步深化新时代教育评价改革，逐步完善立德树人体制机制，扭转不科学、不健全的教育评价导向，引导各级各类学校建立健全促进公平、科学选才、监督有力的体制机制，构建起政府、学校、社会多元参与、多方评价的高水平教育体系。深化中招考试制度改革，推进实施基于初中学业水平考试成绩、结合综合素质评价的考试招生录取模式，完善学生综合素质评价实施办法，突出重点，规范过程，增强可操作性，强化激励、诊断与改进功能。稳步推进高考综合改革，完善高中学业水平考试制度，规范高中学生综合素质评价，构建引导学生德智体美劳全面发展的考试内容体系。推进高等职业教育考试招生制度改革，加大职业技能考试比重，探索形式多样的技术技能人才贯通培养模式，逐步建立符合职业教育类型特征的人才选拔模式。

支持和规范民办教育健康发展，始终坚持民办教育公益属性。始终按照“义务教育是国家事权、依法由国家举办”的总要求，统筹公办民办义务教育资源，加快推进义务教育结构调整和布局优化。同时明确教育培训机构设立方式、设立流程、业务范围、变更终止等事项，建立统一明确、简明易行的准入和退出要求，规范教育培训机构监管流程，推动完善校外培训机构监管的体制机制。深化民办高校学科专业建设，充分发挥民办学

校体制优势，通过专业共建、课程共建、师资共享等方式，推动校企深度融合，提升专业建设水平，鼓励支持高水平有特色的民办高校培育优质学科专业、课程师资，整体提升教育教学质量，促进内涵式发展。

完善教育投入保障机制，落实教育优先发展战略，优化教育投入结构，科学规划教育经费支出，强化教育资助体系建设，加强教育资助工作，提高教育经费使用效益，全面实施预算绩效管理。财政资金优先保障教育事业发展需要，引导更多社会资本投入教育领域，提高各级各类学生一般公共预算教育事业费，推动健全教育事业基础设施。加大教育经费统筹力度，整合优化经费使用方向，推动教育经费使用提质增效，经费使用进一步向困难地区、关键领域和薄弱环节倾斜。推进精准资助，落实各项学生资助政策，保持学生资助力度总体稳定，对脱贫享受政策户和风险未消除的监测对象家庭子女给予重点关注和帮扶，实现应助尽助，促进教育公平。加强教育经费内部审计，完善内部审计制度，强化制度建设和信息化管理，全面提升内部控制水平，提升财务治理能力和水平，推进学校财务信息公开，主动接受社会监督。

二、全面提升教育发展水平，办好人民满意的教育

推进基础教育公共服务均等化。完善学前教育服务体系，推动学前教育普惠扩容，构建覆盖城乡、布局合理、公益普惠的学前教育公共服务体系，加强民办园收费监管，规范幼儿园收费行为，严禁民办园过度逐利。高标准高质量发展义务教育，全面落实城乡统一的义务教育学校建设标准，加强城镇义务教育学校建设，合理有序增加学位，加强教育教学管理，运用现代教育技术助力教学，坚持因材施教，注重保护学生好奇心、想象力、求知欲，激发学习兴趣，提高学习能力。巩固提升高中阶段教育普及水平，推进普通高中教育和中等职业教育协调发展，保持普职比大体相当，重点推动普通高中质量提升，创新人才培养模式，引导学校自主特色发展，构建良好育人生态，逐步形成优质化、多元化、特色化普通高中

发展格局。

逐步增强职业教育的适应性。完善现代职业教育体系，建立紧密对接各产业链、生活各领域和人口各年龄段的现代职业教育和培训体系。巩固中等职业教育的基础地位，推动中等职业学校基本办学条件全面达标。加强文化知识和技能基础教育，注重为高等职业学校输送具有扎实技术技能基础和合格文化基础的生源，推动专科层次高等职业教育提质培优。深化产教融合校企合作，实施产教融合发展行动计划，充分发挥企业重要的办学主体作用，将校企合作作为基本原则纳入职业学校章程，支持和规范企业参与人才培养全过程。推动技能型社会建设，面向社会广泛开展职业培训，重点加强面向离校未就业高校毕业生、退役军人、农民工、高素质农民、残疾人等群体的职业培训，确保职业技能培训与产业需求有效对接。积极扩大职业技能培训规模，提升职业技能等级证书“含金量”，提高技术技能人才待遇。

不断提升高等教育质量。推进高校分类发展，引导和激励高校各展所长、特色发展、多样化发展，避免高校建设的趋同化发展，加强创新型、复合型、应用型等人才培养，推动高等教育优势资源更加集聚、创新生态更加优化、人才培养更加精准，满足经济社会发展对不同类型人才的需求。调整优化学科学院结构，重塑升级传统优势学科，大力发展新兴交叉学科，培育创建未来学科，推进现有产业未来化和未来技术产业化。推进本科教育提质创新，加强高校办学条件、师资队伍、教学过程、培养质量全流程全领域的质量监测，建立健全人才培养方案、教学过程和教学考核等方面的质量监控和评价机制，加强大学质量文化建设。同时坚持“扎根河南、中国特色、世界一流”的基本发展定位，聚焦重点，注重需求导向、问题导向和目标导向，加大投入、优化政策，着力推进对一流大学和一流学科的持续性建设。

三、加强重点领域人才培养，打造卓越教师人才队伍

加大战略新兴产业和未来产业人才培养力度，构建新工科人才培养新

机制，主动适应新一轮科技革命和产业变革，全面深化新工科建设，聚焦未来革命性、颠覆性技术人才需求，整合高校优质资源，打破校院、学科专业壁垒，培育建设未来技术学院，着力培养能够引领未来发展的科技创新人才。提升文化领域和现代服务业人才培养水平，完善新文科人才培养政策举措，面向服务文化强省建设，加快新文科建设，大力培养适应新时代要求的创新型、复合型、应用型文科人才，深化文科专业与理学、工学、农学、医学等跨学科、跨专业新兴交叉融合，全面推进文科专业优化、课程提质、模式创新。夯实农业农村现代化人才基础，加大涉农人才培养力度。紧紧围绕现代农业强省和生态文明强省建设，加快推进新农科建设，主动适应农林经济发展新常态、新产业、新业态，坚持产学研协作，深化农科教融合，着力培养知农爱农的新型卓越农林人才。

坚持实施创新驱动、科教兴省、人才强省战略，提升高校科技创新能力助力河南省人才培养。把创新摆在教育发展的逻辑起点、教育现代化建设的核心位置，主动对接、深度嵌入国家战略科技力量体系，以技术引领支撑建链、延链、补链、强链，全力服务高质量建设现代化河南和高水平实现现代化河南。围绕重大前沿科学问题，促进学科深度交叉融合，培育建设国家前沿科学中心，推动高校科研力量优化配置和资源共享，突破学科、专业和院系壁垒，形成引领高水平基础研究的战略科技力量。大力弘扬科学家精神，加强科研伦理和学风建设，形成良好的学术氛围，持续推进科研人员分类评价，突出创新质量与实际贡献，实行代表性成果评价制度，更加注重成果的理论创新、实践应用和社会服务价值，激发科研人员的创新热情。

着力建设高素质专业化创新型教师队伍。加强师德师风建设，加强教师思想政治建设和职业道德教育，把理想信念、职业道德、法治教育、心理健康教育等融入教师培养、培训和管理工作，引导教师以德修身、以德立学、以德施教、以德育德。加强教师评价机制，建立科学的教师评价体系，注重教师绩效和教学质量，对优秀教师给予奖励和晋升机会，促进教师的积极性和创造力。优化教师队伍资源统筹配置，优化城乡义务教育教师资源配置，深入实施乡村教师支持计划，建强乡村教师队伍，坚持引育并举，优化师资队伍结构。加快推进高校教师薪酬制度改革，建立体现以增加知识价值为导向的收入分配机制，同时依法保障民办学校教师在科研立项、表彰奖励等方面享有与公办学校教师同等权利，鼓励高校教师科研创新，引导学生树立创新意识，激发高校科学研究活力，逐步推动完善高校科研体制机制。

四、加强数字管理平台建设，赋能教育管理提质增效

重视教育数字化规划引领，做好顶层规划设计，推动教育管理数字化转型。结合河南省教育发展的实际情况，明确平台的建设目标，确保数字管理平台能够真正满足教育行政管理部门及学校、教师、学生的需求，采用云计算、大数据等技术，构建全省统一的教育数字管理平台，实现政务、校务、教务等业务的一体化协同管理，充分利用数字化平台助力学生信息管理、教师管理、教育资源管理、教学质量评估等。加大平台在各市、县（区）教育行政管理部门、学校、教师及学生中的应用，整合各类学校、教育部门以及其他相关机构的数据资源，建立统一的数据标准和共享机制，实现数据的互通互联，提高数据利用效率，建立数据资源共享机制，提高数据采集、存储、处理和分析的能力，为教育决策提供数据依据和参考。同时建立健全平台安全保障体系，确保数据安全和隐私保护，防范网络信息安全风险。

推动教育数字化服务，逐步提升教育服务的质量和满意度。数字化平台推动学校管理流程规范化和标准化，提高管理效率，简化冗余环节，提高学生管理的准确性和便捷性。持续更新和优化教育内容，确保学生可以获取最新、最优质的学习资源，面向不同年龄段、学科和地区，提供全面的教育数字化服务，为学生提供个性化的学业辅导服务，包括题库、在线学习资源、学习指导等，结合线上教育和线下辅导，为学生提供全方位、

多层次的学习支持，满足学生个性化学习需求。促进家校互动，实时提供学生学习情况、学校通知、家校沟通等服务，加强家校合作，促进学生全面发展，拉近家校距离，提高教育服务的温度和速度。同时，对教师专业发展提供支持，包括在线培训、教学资源共享、教育研究交流等，促进教师专业素养的提升。

逐步构建数字化教育生态。通过智慧校园建设，构建网络化、数字化、智能化的教育环境，满足教育数字化转型的发展需要，推进教学管理高效发展和教学质量稳步提升。借助数字化工具，推进自适应学习、学情智能诊断、教学评价等场景应用，推动线上线下融合互动、数据驱动全过程、全要素评价，增强教学过程的创造性、体验性和启发性，撬动课堂教学发生深层次变革。推进数字化与学科教学的深度融合、推动数字化与师生认知方式的有机结合，支撑师生由技术应用向更高层次数字素养转变。逐步实现教育体制从阶段性学习向终身学习转变，教育运行机制从数字管理向数字治理转变，形成数据支撑有力、教育管理高效的局面，教育高质量发展。

第五章　河南省科技发展现状与比较分析

党的二十大报告指出：教育、科技、人才是全面建设社会主义现代化国家的基础性、战略性支撑，教育、科技、人才三者的基础性和战略性支撑作用，集中体现在科学技术的创新和突破上。科学技术是第一生产力，科技进步是现代社会发展的重要推动力。科技进步对经济增长的贡献率在发达国家已达到60%—80%，在高技术产业发展中甚至高达90%以上，我国2022年全社会研发经费投入强度从2.1%提高到2.5%以上，科技进步贡献率提高到60%以上，这说明我国创新支撑发展能力不断增强。科技进步和创新日益成为增强国家综合实力的主要途径，依靠科学技术实现资源可持续利用、促进人与自然的和谐发展日益成为各国共同面对的战略选择，科学技术作为核心竞争力日益成为国家间竞争的焦点。

河南省作为中国的重要省份，近年来在科技发展方面取得了显著的成绩。2019—2022年，河南省科技发展呈现出快速增长的态势，科技创新能力不断提升，科技对经济社会发展的支撑作用日益凸显，但与全国先进地区相比，仍有较大差距。在"十四五"及未来较长一段时期内，河南科技创新人才发展，应充分借鉴先进国家和发达省份科技创新人才管理的经验，紧紧围绕国家重大战略、区域战略布局和河南产业发展方向、发展重点进行布局（杨文才，高亚宾，杨昊天，2022）。完善体制机制，加快推动科技创新人才管理模式转型；强化平台拓展，吸引和集聚科技创新人才和队伍；强化比较优势，建立健全科技创新人才工作机制；发挥市场力量，形成"三位一体"的科技创新人才工作格局。

第一节　河南省科技发展状况分析

2022年，河南省科技创新实力进一步提升，各项科技政策措施亮点频出、扎实落地，科技创新事业取得了全面发展。全省坚持把创新摆在发展的现代化建设的核心位置，实施“创新驱动、科教兴省、人才强省”战略，着力推动创新体系重塑重建，完善转化链条，引育一流人才，全省创新平台加快完善，创新环境不断优化，创新活力持续迸发，各类创新主体不断发展壮大。根据《2022年中国区域创新能力评价报告》，我省在全国31个省（市）中居第13位，相比2021年前进1位。

一、科技创新概况

2022年河南全省综合创新能力加快提升，研发投入力度持续提高，全省研发投入突破1100亿元，比2020年增加近200亿元；全省研究经费投入强度（R&D）达到1.85%左右，比2020年提高约0.2个百分点。全年财政科技支出411.09亿元，创新支撑高质量发展的能力稳步提升，省级及以上企业技术中心1545个，其中国家级93个。省级及以上工程研究中心（工程实验室）964个，其中国家级50个。全年专利授权量达到135990件，有效发明专利67164件。全年签订技术合同2.24万份，比上年增长27.2%；技术合同成交金额1025.30亿元，增长68.4%。近两年，省财政千方百计统筹财政资源，科技支出强势增长研发活动取得较大成效。一批标志性科技成果凸显，两年来全省先后完成近百项重大科技专项验收，形成一批具有国际领先水平的关键技术（见表5－1）。

创新载体建设提质增效，国家级平台实现新的突破。截至2022年末，全省共有省级及以上企业技术中心1545个，其中国家级93个；省级及以上工程研究中心（工程实验室）964个，其中国家级50个；省级及以上工

表 5－1　　截至 2022 年末河南省国家级创新平台数量

序号	平台名称	数量	备注
1	国家级工程研究中心（工程实验室）	50 家	
2	国家级企业技术中心	93 家	
3	国家重点实验室	16 家	包括 2023 年新
4	国家级工程技术研究中心	10 家	

程技术研究中心 3345 个，其中国家级 10 个。其中，由河南师范大学牵头建设的抗病毒性传染病创新药物全国重点实验室，实现了我省高等院校牵头建设全国重点实验室零的突破。省科学院重建、重振高效运行，创新实施“大部制”＋“以研究所办院、以实验室办院、以产业研究院办院”等模式，组建 15 家研究所，全院研发实体达到 31 家，总数居全国省级科学院首位。省实验室体系加快重塑、重构，河南省加快整合省内外创新资源，相继揭牌成立嵩山、神农种业、黄河等 14 家省实验室。“中原农谷”建设迅速起势，围绕农作物遗传育种学领域，已有 8 个项目在“中原农谷”布局。区域协同创新更加优化，郑洛新自创区核心区生产总值突破千亿元，辐射带动能力持续增强，充分发挥自创区体制机制优势，将中原科技城、中原农谷纳入自创区范围，在创新资源共享、产业支撑能力提升、“一区多园”等方面探索新方法、寻求新路径，自创区改革发展成效获得科技部肯定。创新平台体系更加完善，目前全省创新平台体系已基本形成以省实验室为核心、以自创区和开发区为基地、优质高端创新资源协同发展“核心＋基地＋网格”的创新格局。

创新主体地位持续增强，科技创新企业增长较快。2022 年全省高新技术企业 10872 家，年增速 29.6%，高于全国近 14 个百分点，形成一批“专精特新”和创新型中小企业群，河南省工信厅认定“专精特新”企业数量为 1183 家，主要集中在电子信息、生物医药、环保科技、食品、机械制造等领域。高质量推进规上工业企业研发活动全覆盖，先后出台了《规上工业企业研发活动全覆盖若干意见》《“万人助万企”暨推动规上工业企业研发活动全覆盖工作方案》《科技创新惠企政策汇编》等文件，综合运用人才引育、金融支持、项目支撑、减负纾困等多项政策措施，加快推动企业研发中心和创新平台建设，强化科技对企业的支撑引领作用。

二、研究生情况

2021年，河南省委工作会议指出，要锚定“两个确保”，全面实施“十大战略”。其中，居“十大战略”首位的，便是创新驱动、科教兴省、人才强省战略。如今，创新发展已成为现代化河南建设的主旋律、最强音。千秋基业，人才为本。实现高水平科技自立自强，归根结底要靠高水平创新人才。

河南省硕士、博士在校生情况，如表5－2所示。近年来，硕士研究生的数量不断增长。从总体上来讲，河南省研究生教育与高等教育大省相比差距巨大，尤其是博士生教育，与经济大省地位极不匹配。当前河南省科技人才队伍，在数量和质量上都不能很好地满足经济社会发展需求，特别是大师级、领军型、国际化的高端科技人才严重不足，已成为制约河南省经济和社会发展的短板。硕士学位授权高校19所，其中，博士学位授权高校10所；博士一级学科授权点97个，硕士一级学科授权点368个。研究生毕业生2.06万人（其中，博士研究生629人），招生3.32万人（其中，博士研究生1379人），在学研究生9.19万人（其中，博士研究生5307人）（见表5－2）。

表5－2　　2019—2022年河南省研究生人数情况

年份	硕士研究生（人）	博士研究生（人）
2019	52124	3271
2020	63486	4017
2021	75137	4607
2022	86593	5307

由图5－1可以看出近几年河南省研究生人数逐年递增，2022年在

学研究生为9.19万人，2019—2022年的增幅为65.90%。研究生人数的增加促进了河南省科技创新和发展，研究生的研究成果和学术论文推动科技的进步和应用，为河南省的发展提供新的技术和思路，提高了综合竞争力。

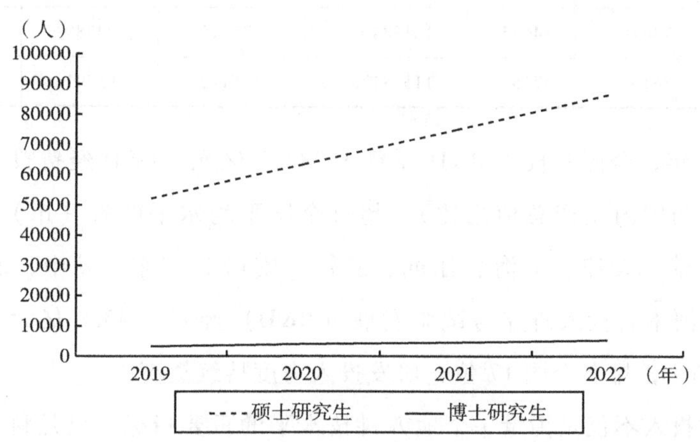

图5-1 2019—2022年河南省研究生人数情况

研究生作为科技前沿研究必不可少的力量，河南省应把握好这一人才群体，聚焦教育强省建设目标，在政策上向研究生倾斜，充分调动青年人才在科技创新上的潜力与积极性，统筹推进高校布局、学科学院和专业设置调整优化，推动高等教育由规模扩张向量质并重、内涵提升转变，从而充分发挥研究生教育的作用，为河南省的进步和发展作出更大的贡献。

三、R&D活动情况

表5-3是2019—2022年河南省研究与试验发展（R&D）活动情况，从有R&D活动的单位数、R&D人员、R&D经费内部支出、R&D经费外部支出、R&D项目数、R&D机构数这六个指标的绝对数来看，除2020年R&D机构数有所下降外，其余指标都呈稳定上升的趋势，显示出河南省对R&D活动的重视与支持。

表 5-3　2019—2022 年河南省研究与试验发展（R&D）活动情况

年份	有 R&D 活动的单位数（个）	R&D 人员（人）	R&D 经费内部支出（万元）	R&D 经费外部支出（万元）	R&D 项目数（项）	R&D 机构数（个）
2019	5393	296349	7930369	229987	65835	3408
2020	6071	304602	9012742	248056	75938	2923
2021	7367	346737	10188408	275445	84289	4189
2022	8616	375547	11548178	301472	95391	4798

2022 年，全国共投入 R&D 经费 30782.9 亿元，R&D 经费投入强度为 2.54%（与国内生产总值之比）。超过全国平均水平的省（市）有 7 个，分别为北京、天津、上海、江苏、浙江、安徽和广东，其中，北京高达 6.83%。河南省投入研究与试验发展（R&D）经费 1143.3 亿元，投入强度为 1.86%，排名全国 17 位，研发投入力度持续提高。

科技投入不仅是衡量一个地方科技水平的重要指标，也是科技创新的必要保障，直接反映了其在科技领域的投入和创新活力。R&D 经费是科技创新能力的核心指标，集中反映了科技投入的总体规模和发展水平，也是衡量地区竞争力的重要依据。R&D 经费支出额是指统计年度内各执行单位实际用于基础研究、应用研究和实验发展的经费支出，也是各国评价科技投入、科技活动规模和强度的通用指标。R&D 活动包括基础研究、应用研究和试验发展三种类型。三个阶段经费的合理配置是优化 R&D 系统运行和提高 R&D 绩效的前提。

图 5-2 是 2019—2022 年河南省 R&D 经费支出情况的时间趋势图，从图 5-2 中可以看出，不论是 R&D 经费内部支出还是 R&D 经费外部支出，都呈现一种上升态势，尤其是 R&D 经费外部支出，几乎呈现持续增长的态势。从近几年的发展来看，R&D 经费是支撑河南省科技进步最为关键的因素，突出表现在支持建立高水平的研发平台，促进引进高水平的科技创新领军人才，开展大规模、高水平的科技创新活动等。因此，充足的 R&D 经费能有力提高科研项目的先进程度和科学技术的发展水平。

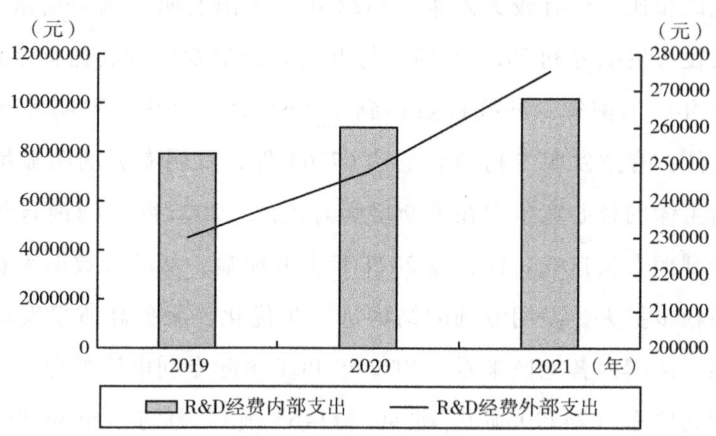

图 5－2　2019—2022 年河南省研究与试验发展（R&D）活动情况

四、专利申请及授权

一般来说，专利申请数以及授权数是衡量科技产出的重要指标。专利申请数量可以有效地反映一个地区的科学产出状况和科技人员研究情况。表 5－4 是 2019—2022 年河南省专利申请量及授权量的情况。从绝对数和时间趋势看，三种专利申请量和授权量分别在 2021 年和 2022 年有所下降，说明河南省对科技专利研究投入较少，而发明专利拥有量呈现出一个逐年上升的态势，说明河南省科技产出情况和科技人员研究情况发展趋势向好。我省专利申请数量的不断攀升是科技创新能力不断提升的体现，同时也得益于政府的支持和经济的快速发展。

表 5－4　2019—2022 年河南省三种专利申请受理量及授权量　单位：项

年份	申请量	授权量	发明专利拥有量
2019	144010	86247	37311
2020	186369	122809	43547
2021	167550	158038	55749
2022	183732	135990	67164

图 5－3 更加直观地反映出近年来河南省专利申请、授权情况。与全国

和其他地区相比，仍有较大差距。2022 年，全国发明专利申请量为 161.9 万项，共授权发明专利 79.8 万项，每万人高价值发明专利拥有量达到 9.4 项。2022 年，河南省专利授权量达到 135990 件，其中，发明专利授权量达 14574 件，有效发明专利拥有量达 67164 件，发明专利的明显增长，意味着创新主体的核心竞争力在不断增强。此外，2022 年，河南省每万人有效发明专利拥有量达 6.8 件，较 2021 年上升明显，从统计数据来看，发明专利规模稳步扩大，发明专利的结构进一步优化，服务高质量发展本领进一步增强。从国内各地区来看，2022 年 PCT 国际专利申请受理量排名前三位的分别为广东（24290 项）、北京（11463 项）、江苏（6986 项），河南省 PCT 专利申请量仅为 212 项远低于其他各省。河南省应继续加强知识产权保护，为知识"定价"，给创新"赋权"，激发更多更好的知识产权不断涌现，为河南省建设国家创新高地提供有力支撑。

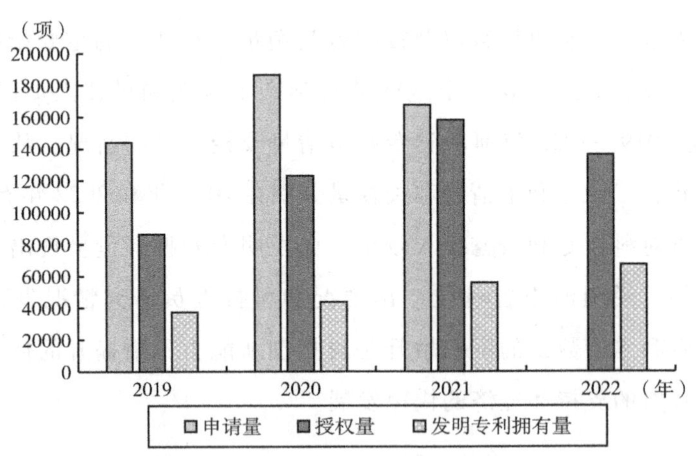

图 5－3　2019—2022 年河南省三种专利申请受理量及授权量

五、规模以上企业创新活动

创新是一个企业生存和发展的灵魂，是企业蓬勃发展的不竭动力，是企业取得市场竞争优势的第一动力。科技创新对企业的发展有着深远的影响，从提供竞争优势到推动全球化竞争，从提升生产效率到创新业务模式，都是科技创新带来的正面影响。不创新，企业就不能生存；不持续创新，企业就难以发展。一般来说，一个优秀的企业通常都是一个非常重视创新的企业。唯有如此，它才能在激烈的市场竞争中把握主动权，成为基业长青的企业。一个地区的经济发展质量在很大程度上取决于拥有高科技企业的数量。表 5 -5 是 2019—2022 年河南省规模以上企业创新活动情况。从表 5 -5 中可以看出，近四年来，开展创新活动的企业数占调查企业数的比例以及实现创新企业数占调查企业数的比例都在逐年上升，显示出河南省的企业越来越重视科技创新发展。

表 5 -5　　2019—2022 年河南省规模以上企业创新活动情况

年份	调查企业数（个）	开展创新活动企业数（个）	所占比例（%）	实现创新企业数（个）	所占比例（%）
2019	40049	15150	37. 83	14503	36. 21
2020	41872	15494	37. 00	15114	36. 10
2021	46269	18343	39. 64	17478	37. 77
2022	49751	20238	40. 68	19213	38. 62

截至 2022 年末，河南省国家级创新平台数量增多，其中国家级工程研究中心（工程实验室）50 家，国家级企业技术中心 93 家，国家重点实验室 16 家，国家级工程技术研究中心 10 家，国家级平台实现了新的突破。目前，河南省创新平台体系已基本形成以实验室为核心，以自创区和开发区为基地，优质高端创新资源协同发展“核心 + 基地 + 网络”的创新格局。

六、技术市场成交合同

表 5 -6 和图 5 -4 反映了 2019—2022 年河南省技术市场成交合同情况及时间趋势。从绝对数和时间趋势来看，合同数逐年上升，技术市场成交额也在逐年上升。技术市场成交额是指登记合同成交总额中，明确规定属于技术交易的金额，其反映了科技创新能力的市场实现。这说明河南省的科技创新成果的市场转化能力正在不断地提高。

表 5－6　　2019—2022 年河南省技术市场成交合同情况

年份	合同数（个）	成交额（万元）
2019	9310	2340686
2020	11751	3844965
2021	17650	6088925
2022	22445	10253000

截至 2022 年 12 月 31 日，全国共登记技术合同 772507 项，成交金额 47791.02 亿元。全国技术合同认定登记成交金额居前十位的省市依次为北京、广东、上海、江苏、山东、陕西、湖北、安徽、浙江和湖南。河南省全省技术合同数为 22400 个，技术合同成交额 1025.3 亿元，2022 年首次突破 1000 亿元。图 5－4 可以直观地看出近几年河南省技术合同成交额逐年递增，2022 年增幅较大，表明了河南省研发活动取得了较大成效，技术合同成交额快速增长。

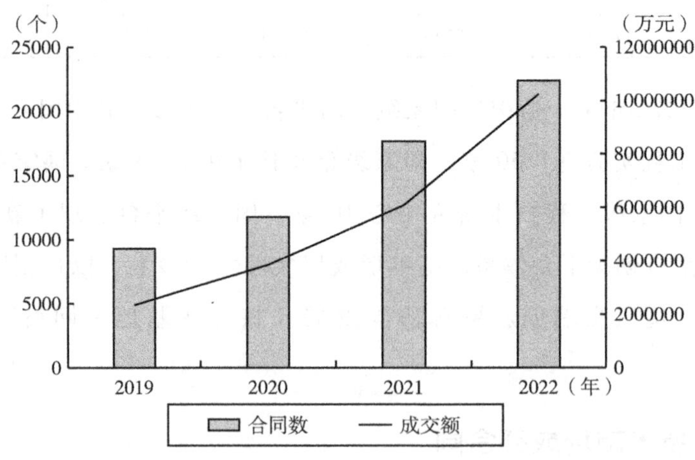

图 5－4　2019—2022 年河南省技术市场成交合同情况

七、软科学基本情况

表 5－7 是 2019—2022 年河南省软科学基本情况。软科学是解决社会发展中的各种复杂问题，为多层次的决策和管理提供科学依据和发展方案

的一门高度综合性的新兴科学。从表5－7中可以看出，近几年来，河南省正在进行的软科学课题数量在不断增加，而完成的软科学课题呈现减少态势，投入软科学的研究经费一直维持在600万—800万元，论文发表数量呈现出波动趋势，但获奖成果数量有较大的提升。

表5－7　　2019—2022年河南省软科学基本情况

年份	完成软科学课题（项）	正在进行的软科学课题（项）	投入软科学研究经费（万元）	投入软科学研究人力（人·年）	发表科学论文（篇）	获奖成果（项）
2019	560	799	600	5590	505	18
2020	414	820	600	5700	432	50
2021	476	890	847	6000	501	52
2022	450	940	1021	6217	505	99

八、一般预算支出中的科技支出

一般公共预算支出中的科技支出反映了政府对于科技发展的重视程度。图5－5显示，2019—2022年河南省科技支出额呈现显著上升的态势，但科技支出占一般公共预算支出的比重却在2022年出现下降态势，且每年

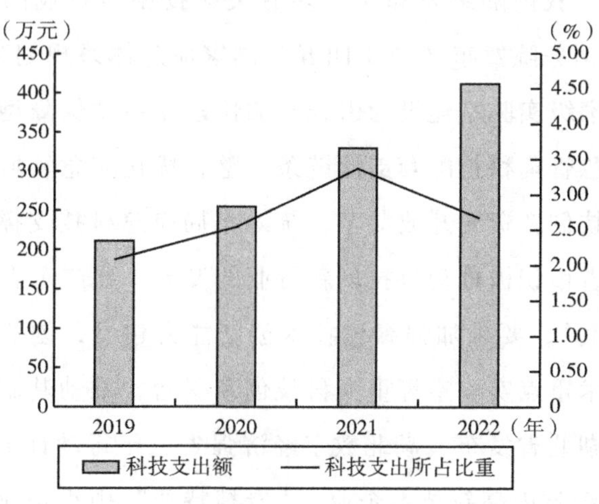

图5－5　2019—2022年河南省一般预算支出中的科技支出情况

科技支出的比重没有显著提升，说明近年来河南省在财政资金的投入方面对于科技支出并没有持续加大力度。

第二节　河南省科技发展状况的比较分析

科技是第一生产力、人才是第一资源、创新是第一动力。《2022 年全国科技经费投入统计公报》数据显示，我国研发经费总量迈上新台阶，投入强度持续提升，2022 年我国研发经费投入总量突破 3 万亿，达到 30782. 9 亿元，比上年增长 10. 1%，延续较快增长势头。全国共投入研究与试验发展（R&D）经费 30782. 9 亿元，比上年增加 2826. 6 亿元，增长 10. 1%；研究与试验发展（R&D）经费投入强度（与国内生产总值之比）为 2. 54%，比上年提高 0. 11 个百分点。从省区（市）排名来看，2022 年，城市科技创新发展指数排名前 5 的省区（市）为北京、上海、天津、重庆和江苏。从地理区位看，省区（市）的科技创新水平整体呈现“东南强、西北弱”的特征。

2019 年来，我国陆续发布了许多有关科技创新行业的相关政策，如 2022 年 2 月，国务院发布《“十四五”国家应急体系规划》，搭建科技创新平台，以国家级实验室建设为引领，加快建立主动保障型安全技术支撑体系，完善应急管理科技配套支撑链条。整合优化应急领域相关共性技术平台，推动科技创新资源开放共享，统筹布局应急科技支撑平台。为响应国家号召，各省市积极推动科技创新行业的发展，如广东省发布《广东省碳达峰实施方案》，要求加强绿色技术创新能力建设，创建一批国家、省级绿色低碳技术重点实验室等重大科技创新平台，推动基础研究和前沿技术创新发展。湖北省发布《湖北数字经济强省三年行动计划（2022—2024 年）》，积极组织省内高新技术企业、“专精特新”中小企业等争取国家科技创新再贷款支持。

党的二十大明确了“以中国式现代化全面推进中华民族伟大复兴”的发展思路，在推动中国式现代化进程中，城市应扮演重要角色，尤其是探索中国式现代化的城市创新模式，意义更加重大。当前，中国各城市科技创新实力差距较大，创新资源配置和要素布局存在较大优化空间，需要进一步加强市场化改革，打破资源流动鸿沟，充分激发市场动力，真正释放创新要素活力。此外，面对严峻的国际形势和创新挑战，中国城市科技创新必须坚持“走出去”，加强与世界主要创新城市的连接，积极融入全球创新网络，探索形成后疫情时代的国际科技创新合作新模式。最后，人是创新之本，城市科技创新要秉持“以人为本”的理念，不断提升城市的吸引力和亲和力，建设人才友好型的创新城市。

科技自立自强是国家强盛之基、安全之要。我们必须完整、准确、全面贯彻新发展理念，深入实施创新驱动发展战略，把科技的命脉牢牢掌握在自己手中，在科技自立自强上取得更大进展，不断提升我国发展独立性、自主性、安全性，催生更多新技术、新产业，开辟经济发展的新领域新赛道，形成国际竞争新优势。《中国区域科技创新评价报告 2022》指出，未来要加快区域科技创新体系能力建设，强化科技创新中心在区域创新体系建设中的核心地位，提升区域间协同创新的能力和水平，进一步发挥区域创新在塑造发展新动能、新优势中的重要作用。

一、规模以上工业企业 R&D 活动及专利

2022 年，全国共投入研究与试验发展（R&D）经费支出 30870 亿元，比上年增长 10.4%，与国内生产总值之比为 2.55%，其中基础研究经费 1951 亿元。截至 2022 年末，全年授予专利权 432.3 万件，PCT 专利申请受理量 7.4 万件，有效专利 1787.9 万件，其中境内有效发明专利 328.0 万件，每万人口高价值发明专利拥有量 9.4 件。全年共签订技术合同 77 万项，技术合同成交金额 47791 亿元，比上年增长 28.2%。

随着创新驱动发展战略的深入实施，如今，R&D 经费及投入强度已成

为我国监测科技创新能力的核心指标。R&D 经费相关数据，可以反映区域的科技创新投入水平，了解科技资源的基本分布情况。近年来，我国加强区域科技创新发展战略部署，统筹推进国际科技创新中心和区域科技创新中心建设，各地区进一步加大资源汇聚力度，加快建设区域创新高地。从全国范围分地区看，2022 年，研发经费投入超过千亿元的省（市）有 12 个，分别为广东、江苏、北京、浙江、山东、上海、湖北、四川、湖南、安徽、河南和福建。

从表 5－8 可以看出，广东省的研发经费投入规模 4411.9 亿元，位居全国第一，也是全国唯一一个研发经费在 4000 亿以上的省，广东省高新技术的研发投入、研发人员数量、高新技术企业量、发明专利有效量、PCT 国际专利申请量等主要科技指标均居全国首位。研发人员达到 130 万人，数量居全国第一，拥有一批掌握关键核心技术的科技领军人才和高水平创新团队。此外，广东坐拥广州和深圳两大一线城市，中心城市功能更加突出，具有较强的聚集高端元素和引领带动周边发展的能力，在珠江三角洲地区的转型升级中发挥着非常重要的作用。第二经济大省江苏共投入 R&D 经费 3835.4 亿元，比上年增长 11.5%，R&D 经费投入强度 3.12%，江苏的创新空间广阔，目前有国家高新区 18 家，国家创新型城市 13 个，数量均居全国第一，率先实现了设区市全覆盖。近年来，浙江省 R&D 经费及投入强度呈现出稳步提升、较快增长的良好态势，2022 全年研究与试验发展（R&D）经费支出 2350 亿元，与生产总值之比为 3.02%，R&D 经费投入强度 3.11%，位居全国第四。湖北省 R&D 经费支出 1254.7 亿元，位居全国第七；安徽近年来转型升级的成效和投资回报不断显现，这也促使安徽朝科技引领和产业高端化发展，在长江一体化过程中，安徽的科创水平也不断提升，全年投入 R&D 经费 1152.5 亿元，位居全国第十。近年来，河南省出台一系列鼓励研发和创新的政策，2022 年全省研发经费投入再次突破千亿元，保持了较快增长态势，基础研究经费占比明显提高，共投入研究与试验发展（R&D）经费 1143.26 亿元，比上年增加 124.42 亿元，增长 12.2%，(R&D) 经费投入强度为 1.86%，位居全国第十一位。

表 5-8　　六省规模以上工业企业 R&D 活动及专利情况

省份	R&D 经费（亿元）	有效发明专利数（件）	R&D 经费投入强度（%）
河南	1143.3	67164	1.86
广东	4411.9	539200	3.42
江苏	3835.4	429000	3.12
浙江	2350	305600	3.11
湖北	1254.7	29000	2.33
安徽	1152.5	144704	2.56

研发经费投入强度是体现科技创新的核心指标。从 R&D 经费投入强度情况来看，其中超过全国平均水平的省（市）有 4 个，依次为广东(3.42%)、江苏（3.12%)、浙江（3.11%）和安徽（2.56%)，显示出对科技研发和科技创新工作的重视。值得关注的是，河南省研发经费投入强度为 1.86%，比上年提高 0.11 个百分点。得益于基础研究经费增长，极大推动了全省原始创新能力的提升，科创企业不断加大研发力度，创新主体的地位日渐稳固。从全省范围分地区看，郑州和洛阳是全省科技创新活动最为活跃的两个地区。2022 年，全省研发经费投入超过 100 亿元的地区有 2 个，分别为郑州（344.72 亿元）和洛阳（168.09 亿元)。这两地的研发经费投入接近全省总投入的一半，“双引擎”引领作用十分明显。

二、三种专利申请数和授权数对比分析

2022 年我国全年授予专利权 432.3 万件，PCT 专利申请受理量 7.4 万件，有效专利 1787.9 万件，发明专利有效量达到 421.2 万件，其中境内有效发明专利 328.0 万件。我国是世界上首个国内发明专利有效量超 300 万件的国家，其中高价值发明专利拥有量达到 132.4 万件，世界知识产权组织最新发布的《世界知识产权指标》报告显示，我国发明专利有效量已经位居世界第一。“每万人高价值发明专利拥有量”是衡量创新质量的重要

指标，我国每万人口高价值发明专利拥有量 9.4 件，有效发明专利实现量质齐升，体现出企业高价值发明专利创造优势更加突出，战略性新兴产业专利储备进一步加强，高价值发明专利平均维持年限稳步提高。

从表 5 -9 可以看出，2022 年我国广东省专利授权总量 83.73 万件，其中，发明专利授权量 11.51 万件，全省有效发明专利量 53.92 万件，居全国首位。江苏省专利授权量 56.0 万件，其中发明专利授权量 8.9 万件；浙江省全年专利授权量 44.4 万件，其中发明专利授权量 6.1 万件。河南省三种专利授权量仅为 135990 万件，相较于其他五个省数量较少，发明专利授权量为 67164 件，居于中等位置。河南省应全面落实知识产权保护属地责任，增强知识产权保护工作的统筹性、规划性和系统性，使知识产权全链条保护更加高效。

表 5 -9　　六省三种专利授权数情况

省份	授权数（万件）	发明专利授权量（万件）
河南	135990	67164
广东	837300	115100
江苏	560000	89000
浙江	172000	61000
湖北	161000	29000
安徽	156584	26180

从省会城市看，截至 2022 年底，杭州有效发明专利拥有量 122842 件，居全国省会城市第四，每万人高价值发明专利拥有量 42.86 件；广州市紧随其后，拥有有效发明专利 117738 万件，居全国第五位；南京全市有效发明专利量 113788 件，占全省有效发明专利量的 26.55%，居全国第六位；武汉全市拥有有效发明专利 94432 件，位居全国第八位；合肥有效发明专利拥有量 54069 件，位居全国第十三位；而郑州市有效发明专利数量为 30704 件，专利密度为 24.1 件/万人；位居全国第 23 位。总体来看，合肥和郑州这两个省会城市有效发明专利情况一般，其他四个城市专利情况较

好，居于全国前列。郑州排名最后，需向其他省会城市看齐，加强知识产权和专利的政策导向和倾斜，营造知识产权保护的良好社会环境，引导企业自觉承担保护知识产权的社会责任，完善知识产权人才培养与激励机制。

三、高等学校科技活动情况对比分析

教育、科技、人才“三位一体”突出了教育的基础性作用、人才的主体性支撑及科技的动力源助推，为新时代我国教育发展、科技进步、人才培养提供了根本遵循。从表5－10可以看出，六省高校科学技术成果转化的合同数和合同收入，江苏省合同数为5056项，合同收入为13.618亿元，位居第一，其余依次为浙江省（1949项）、湖北省（1429项）、广东省（865项）、安徽省（653项）、河南省（507项），合同收入分别为4.366亿元、6.505亿元、12.781亿元、0.750亿元、0.996亿元。《2022年高等学校科技统计资料汇编》显示了全国各省级（区、市）高校签订的科技成果及技术转让合同共23416项，合同收入为136.541亿元，而河南仅有507项，占全国总量的2.17%，合同收入为9.96亿元，占全国合同总收入的0.73%，全国排名第16位。可以看出河南高校科技成果转化率及收入都远低于江苏、广东等地区。河南高校科技成果对产业贡献率低主要表现在三个方面：一是成果转化缺乏系统性规划和布局；二是成果转化质量不高；三是转化成果与社会需求脱节。

表5－10　　六省高校技术成果转化合同及收入情况

省份	合同数（项）	合同收入（亿元）
河南	507	0.996
广东	865	12.781
江苏	5056	13.618
浙江	1949	4.366
安徽	653	0.750
湖北	1429	6.505

教育、科技、人才“三位一体”协同发展离不开企业的积极参与和发挥作用。党的二十大报告提出，要加强企业主导的产学研深度融合，强化企业科技创新主体地位。然而，现阶段企业的市场主体作用发挥并不积极。而且河南各级政府在推进产教融合方面依然停留在比较简单的给人、给钱阶段，如增加编制人数，加大经费预算，提高分配或奖励力度等，与教育、科技、人才“三位一体”协同发展相关的体制机制改革举措有待创新突破，尤其是职务科技成果事前产权激励改革亟待推广实施。此外，河南对科研人员的评价机制也亟待改变。现行评价体系依然侧重于学术研究，需要加快建立以科研成果对经济发展实际贡献度为导向的考核指标与评价体系。

四、技术市场成交合同情况对比分析

技术合同成交额是反映科技创新活跃度的有效指标。2022 年，我国各部门引导技术要素市场体制机制创新，着力发挥市场创新资源优化配置，不断激发新时期技术要素市场发展活力，有效增强科技创新对我国经济高质量发展的技术供给和创新保障，技术市场交易质效持续提升。我国技术市场迅速发展壮大，2022 年我国技术市场成交合同数 772507 项，技术合同成交额达 47791.02 亿元，年均增速达 25.3%，技术交易额 30165.32 亿元，技术市场发展迅速，技术交易活力持续增强；成交合同平均金额为 618.7 万元，科技成果转移转化质量与效率不断提升。

从表 5－11 可以看出，江苏省技术市场成交合同数为 87353 项，在六省中位居第一，其余依次是湖北省、广东省、安徽省、河南省。广东省技术合同成交额为 4525.42 亿元，位居第一，其余依次是江苏省、安徽省、湖北省、河南省。广东省技术交易额为 2663.57 亿元，位居第一，其余依次是江苏省、浙江省、湖北省、安徽省、河南省。总体来说，河南省技术市场情况不如其他省，技术交易额仅河南省低于千亿元，为加快技术市场科技创新发展，应紧紧围绕建设国家创新高地的总目标，不断完善成果转化服务体系，全面提升河南省成果转移转化效能，争取建成布局合理、功能完善、开放协同、运行高效、符合科技创新规律和市场经济规律的科技成果转化体系，形成以企业为主体、市场为导向、产学研深度融合的科技成果转化新格局，促成一大批科技成果在豫落地转化，力争实现技术合同成交额每年呈增长态势。

表 5 - 11　　六省技术市场成交合同情况

省份	合同数（项）	技术合同成交额（亿元）	技术交易额（亿元）
河南	22445	1025. 30	512. 95
广东	47892	4525. 42	2663. 57
江苏	87353	3888. 58	2582. 77
浙江	43627	2546. 50	2226. 66
安徽	30630	2912. 63	1193. 57
湖北	77402	3040. 75	1558. 34

五、一般公共预算支出中的科技支出

2022 年，我国一般公共预算支出 260609 亿元，比上年增长 6. 1%。其中，科学技术支出 10023 亿元，比上年增长 3. 8%。

由表 5 - 12 可以看出，广东省一般公共预算支出中的科技支出为 984. 61 亿元，占比 5. 32%，位居第一，科技投入多；江苏省科技支出 679. 4 亿元，居第二位；安徽省科技支出 508. 4 亿元，居第三位，连续 11 年位居全国第一方阵；浙江省科技支出 207. 7 亿元，增长 17. 7%；河南省科技支出 411. 1 亿元，增长 24. 9%。我国研究与试验发展（R&D）经费投入继续保持较快增长，投入强度持续提升，基础研究投入取得新突破，国家财政科技支出稳步增加。未来，将适度加大财政政策扩张力度，在财政支出强度上加力、在专项债投资拉动上加力、在推动财力下沉上加力；提升政策效能，完善税费优惠政策，优化财政支出结构，加强与货币、产业、科技、社会政策的协调配合，形成政策合力，推动经济运行整体好转。

表 5-12　　六省一般公共预算支出中的科技支出情况

省份	一般公共预算支出中的科技支出情况（亿元）	占比（%）
河南	411.1	3.86
广东	984.61	5.32
江苏	679.4	4.56
浙江	207.7	8.2
安徽	508.4	6.07
湖北	74.5	1.03

第三节　主要经验启示

面临新形势、新任务，河南省科技创新人才队伍建设，要紧紧围绕深入实施创新驱动、科教兴省、人才强省战略和国家创新高地、全国重要人才中心建设目标，持续推进“教育、科技、人才”三位一体建设，全方位培养、引进、用好人才，不断提高人才工作质量水平，使河南省科技创新人才发展呈现深入推进、整体提升的良好态势。锚定“两个确保”，深入实施“十大战略”，高质量打造全国创新高地和全国重要人才中心，我省还需从创新平台建设、创新人才汇聚、创新成果转化等方面持续发力，加速构建一流创新生态，驰而不息，踔厉前行。

一、构建“三足鼎立”创新大格局

着力构筑“三足鼎立”科技创新大格局，打造国家创新高地建设的核心支点。一体推动省科学院重建、重振与中原科技城、国家技术转移郑州中心“三合一”融合发展，依托省科学院创新平台建设研发实体 39 家，总数居全国省级科学院首位；加快建设中原医学科学城、生物医药大健康产业集群，形成“一院一城一产业集群、医教研产资五位一体”融合发展格局；高位布局推动“中原农谷”建设，核心区入驻省级以上科研平台27家。高能级创新平台体系日趋完善，成为引领产业加速发展的重要“引擎”。河南省国家级创新平台达到171家，国家超算互联网核心节点项目正式启动建设，全国重点实验室优化重组中入列13家。同时，紧盯国家战略目标和河南省产业发展需求，建设省实验室16家、产业技术研究院4家、中试基地36家，省实验室协同创新体系不断拓展优化。

二、优化科技创新平台载体

加强科技创新资源整合。以构建国家创新体系整体效能为长期目标，以体制机制改革创新为根本动力，充分发挥政府引导作用和市场在技术要素配置中的决定性作用，积极鼓励和支持一批具有优势资源禀赋的第三方平台，充分发挥“桥梁纽带”作用，在企业、高校、科研院所、金融机构、产业园区等主体之间搭建各类应用创新中心、成果转化中心、联合实验室、联合人才实训基地等科创“枢纽”，促进跨界主体之间的高效共享，不断发挥科技创新在培育发展新动能、打造就业新引擎中的源头作用，有效增强和提升各类科技创新资源整合力度和综合服务水平。

强化科技创新赋能增效。在持续关注各行各业解决“卡脖子”等问题的同时，也要加强关注科技创新对当下我国在传统产业升级改造过程中的实际赋能作用，以中小型科技企业为主力，积极鼓励“适用性科技创新”的开拓与探索。与此同时，还要主动关注如何将科技创新成果真正转化成一种能够充分有效服务于“人民日益增长的美好生活需要”的强大动力，在医疗、教育、就业、养老、公共安全、食药安全等多方面，积极研究如何进一步服务好我国的社会稳定、服务好百姓民生，灵活高效地解决当前社会发展过程中所遇到的一系列问题与矛盾。

夯实科技创新群众基础。在针对性地解决当前河南省科技创新群众基础不牢固这一问题过程中，要进一步提升民众的科技创新意识，通过建设或升级现有科技创新成果展示中心、体验馆等基础设施，组织科技创新成果体验周、科技成果进社区等活动，增强各地面向百姓的科普服务能力，提升全民科技创新素养；也可以通过融媒体宣传典型人物及创业事例，提升科技创新在广大社会层面的认同感，提升民众对科技创新人才的高度认可；以科技创新为动力和契机，有效弥合社会群体之间的“科技鸿沟”，推动社会和谐均衡发展，让科技创新更加具有包容性，让更多百姓从科技创新发展中受益。

三、强化企业创新主体地位

持续强化企业创新主体地位，促进各类创新要素向企业聚集。截至目前，河南规上工业企业研发活动“四有”覆盖率达 56.19%。强化创新型企业梯次培育，依托龙头企业建设 28 家创新联合体，“瞪羚”企业达 454 家，国家科技型中小企业备案入库 2.6 万家，总数居全国第 6 位，形成企业创新发展雁阵式格局。完善科技金融服务体系，金融支持科技创新力度显著提升。

四、完善技术转移转化体系

充分发挥龙头企业的创新核心作用。以市场为导向，建立完备的产学研协同创新体系，促进产学研协同创新。以头部企业为引领推动产业链跨区域协同合作，构建以产业联盟和合作示范园区体系为核心的创新链合作格局。推进产学研协同创新和成果转化，打通高校与企业的通道，高校教授与博士硕士可以直接在企业进行实验并运用到企业生产过程中；高校教授可以走进企业，给企业员工进行指导，同时企业的高层次人才也可以走进高校指导学生，合作研发产出创新产品。

完善企业主导产业技术创新的体制机制。支持企业发挥市场需求、集成创新、组织平台的优势，打通从科技强到企业强、产业强的通道；突出开放创新，引导企业以“可控开源”的方式充分利用国际智力资源，支持企业设立境外、省外研发机构，集聚外部创新资源。

完善科技成果评价机制。出台健全科技成果评价机制的实施意见，在高校开展成果评价改革试点，树立科技创新质量、绩效、贡献为核心的评价导向，建立健全科学有效的科技成果转化考核体系，有效发挥成果评价“指挥棒”的作用。推进国家技术转移郑州中心高效运营，实现与省科学院重建重振、中原科技城建设“三合一”融合发展。聚焦重点产业和产业集群，培育建设省技术创新中心、中试基地等高能级创新平台。

深化产学研协同创新。组建由行业龙头企业牵头带领，联合产业链上下游企业、高校以及科研院所组合而成的创新联合体，鼓励高校及科研机构的研发者面向市场和企业的需求，建立与企业的良性互动机制；支持科技领军企业通过建立“创新链、产业链、资金链、人才链”融合的可持续的利益机制，与高校、科研机构共建产业技术联盟、产学研共同体等新型创新联合体。发挥创新联合体作用，围绕产业发展共性技术问题，联合高校院所、产业链上下游企业协同创新，促进创新主体高效联动、创新资源高效配置，推动产学研深度融合、协同创新。

五、加强知识产权全链条服务

知识产权是创新发展的刚需，更是实现高质量发展的标配。河南省的创新实力因素和创新价值因素等各个方面都还存在一定的差距，有进一步的发展空间。在今后的发展过程中，应增强创新意识，通过政策支持，改进科研评估机制等方式，加大科技创新投入，吸引更多的高科技人才，引进具有创新发展潜力的高新技术企业，营造出良好的科技创新环境，从整体上提升河南省区域高新技术产业的自主创新能力，提高科技人才与研发经费投入，积极引进外资，扩大对外贸易，加强科技交流与合作，带动其自主创新快速发展。

健全知识产权法律制度体系。加强相关立法，加快推进专利法、商标法、著作权法等法律法规的修订，做好与民法典之间的衔接，同时规范执法、严格司法，推动行政执法标准与司法裁判标准的协调统一，提高知识产权审判质量和效率。

强化知识产权全链条保护。规范市场运作机制，稳步推进知识产权金融建设，切实提升知识产权评估、交易、投融资等增值服务水平，加强知识产权公共服务供给，构建政府、市场、社会协同共治的知识产权保护格局。

营造知识产权保护的良好社会环境。引导企业自觉承担保护知识产权的社会责任，完善知识产权人才培养与激励机制。可通过探索服务机制优化、投融资实践和知识产权费用优惠等方面的制度安排，帮扶困难企业和创新企业。对关系广大群众公共卫生健康的知识产权项目，应因地制宜利用好既有知识产权规则，努力保障民众的健康福祉。

全面贯彻新发展理念，落实高质量发展要求，深入实施创新驱动发展战略，以创新链与产业链融合为方向，以建设郑洛新国家自主创新示范区为引领，以培育创新主体为关键，以集聚创新人才为支撑，以优化创新创业生态为根本，推动河南省科技创新能力稳步提升，为中原崛起提供强大科技支撑。

六、引育区域产业高层次人才

高校是科技人才培养和汇聚的主阵地，肩负着科技创新人才培养主力军的作用，是科技创新基础中的基础。高等教育的落后会造成区域创新能力不足，高层次人才缺乏等诸多问题。河南省共有高校 156 所，仅次于江苏和广东，然而，河南省的本科高校仅有 57 所，本科高校占比 36.54%，“双一流”大学仅有两所，远落后于其他省。河南省教育资源的匮乏与区域布局不平衡，难以有效支撑全省各地区的产业发展。高校与企业之间并未真正形成“校企协同，实践育人”的人才培养模式，校企合作处于较低层次阶段，企业参与度低，且高校专业课程设置多为理论教学，缺少实践操作，与企业实际生产过程相脱节。需深入研究高校建设的层次结构，科学判断高校学科的教学方式。河南省要根据本省的战略性新兴产业发展需要，充分利用以郑州大学、河南大学为首的高层次院校的教育资源优势，培养出符合产业发展需要的高层次人才。

推动学科专业与战略性新兴产业精准对接。优化顶层设计，加强学科建设，制订科技类学科育人品质提升行动计划，树立“人才培养靠人才”的师资观，人社部门和教育部门制订相关学科教师引入计划，把好“进口”；教育部门加强师资职后培训，并建立质量监控体系，将创新人才培养的主阵地夯实、守稳。根据《河南省“十四五”战略性新兴产业和未来产业发展规划》的要求，实现高校专业设置和调整与区域产业发展相协调。高等院校可根据自身的优势特色，结合区域产业发展需要，设置符合产业发展、职业标准的专业类别和教学内容，培养和打造对接战略性新兴产业的专业集群。建设一批紧密对接战略性新兴产业的硕士、博士学位授权点，专业设计及课程设置要紧跟产业发展需要，为企业提供高质量、高层次储备人才。

推进产学研协同创新和成果转化。实施产学研协同创新行动计划，围绕河南省战略性新兴产业发展需要，支持郑州大学、河南大学等重点高校、科研机构与战略性新兴产业骨干企业深度合作，实现资源的共享与整合，共同合作建立研发中心、技术服务平台、研发实验室等，构建科技创新综合体，实现政府部门、产业骨干企业、高等院校、科研院所、金融机构等的融合创新。打通高校实验室与企业实验室的通道，高校教授与硕士博士可以直接在企业进行试验并运用到企业生产过程中；高校教授可以走进企业，给企业员工进行指导，同时企业的高层次人才也可以走进高校指导学生，合作研发产出创新产品。

加强对科技创新人才的放权赋能。统筹全省科研院所和高等院校建设，将研发成果纳入科研人员绩效、职称、岗位考核体系；给予科研单位更多自主权，赋予人才团队更大技术路线决定权和经费使用权，试行首席专家负责制、科研项目包干制、科研课题招标制等，完善容错机制；探索科技人才赋权负面清单管理机制，优化科技创新管理流程，实施负面清单制，做到“应放尽放”。

七、构建高质量创新生态体系

抓创新就是抓发展，谋创新就是谋未来。只有以创新为核心、为动力、为先导，才能真正实现协调、绿色、开放、共享发展。牢牢抓住和用好我国发展的重要战略机遇期，加快实施创新驱动发展战略，开辟发展新领域新赛道，塑造发展新动能新优势，发挥科技创新的支撑引领作用，最大限度解放和激发科技作为第一生产力所蕴藏的巨大潜能，不断开创国家创新发展新局面。

建立健全资源整合更新机制。创新资源是创新活动开展的基础性驱动因素。将人才资源、技术资源、资金资源等各类创新资源进行高效整合和及时更新补充，挖掘资源的潜在价值，提高系统的创新能力和动态稳定性，保持竞争优势和实现可持续发展。随着新一轮科技革命和产业变革深入发展，科技领域国内竞争日趋白热化，提升创新生态系统的资源更新自主可控能力成为适应国内发展环境变化的必然要求。必须着眼创新资源的高质量供给，促进创新资源聚集、供需匹配和优势结合，完善重点领域项目、平台、人才、资金一体化的创新资源整合机制，为实现高水平科技自立自强提供坚强的智力支撑和资源保障。

建立健全创新协同激励机制。以创新生态系统驱动的创新活动，表现为主体间复杂的竞合共生关系。在创新过程中，异质性主体通过开放合作、信息交换、资源互补等，促进有效协同创新，实现价值共创与共享。面对新技术、新产品和新服务需求，要不断突破原有的地理和组织边界，构建深度融合的产学研协作新模式，健全科技创新激励机制，建立科学公平的利益共享机制和风险共担机制，制定和完善诚信制度以及知识产权保护制度，增强创新主体间的信任，营造安全稳定的融通创新氛围，进而通过发挥创新主体各自优势，在攻克关键核心技术中形成强大合力，推动创新生态系统创新效率和能力持续提升。

第六章　河南省人才发展现状与比较分析

党的二十大报告指出，教育、科技、人才是全面建设社会主义现代化国家的基础性、战略性支撑。其中，人才在三者的发展中起着主体支撑的作用，教育的发展需要以人才为基础，科技的创新也离不开人才实践。在此背景下，深入分析河南省的人才发展现状并进行比较分析，对于充分发挥人才的引领驱动作用，推动教育和科技的发展具有重要的现实意义。

第一节　河南省人才发展状况分析

一、人才规模不断扩大

近年来，河南省通过举办招才引智创新发展大会、实施“中原英才计划”等途径，加快建设人才强省，推动河南省整体人才规模不断扩大。一是河南省人才总量连续多年实现增长。截至 2022 年底，河南全省人才资源总量 1410.31 万人，相较于 2020 年增加了 259.08 万人。二是河南省从业人口整体稳定。在外部引才方面，河南省积极实施创新驱动发展战略。同时，在本土人才培育方面，河南省大力发展高等教育和职业教育。截至 2022 年，河南省从业人员总数为 4782 万人，与前两年相比整体稳定。三是青年人才队伍不断壮大。近年来，河南省着力畅通引才渠道，优化专业技术岗位管理，落实青年人才发展保障，完善青年人才管理服务，有力地促进了青年一代成长成才。博士后是青年人才队伍的主力军，河南省提出力争每年招收引进博士后等青年人才2000人左右，展示了河南省建设青年人才强省的决心（见图6－1）。

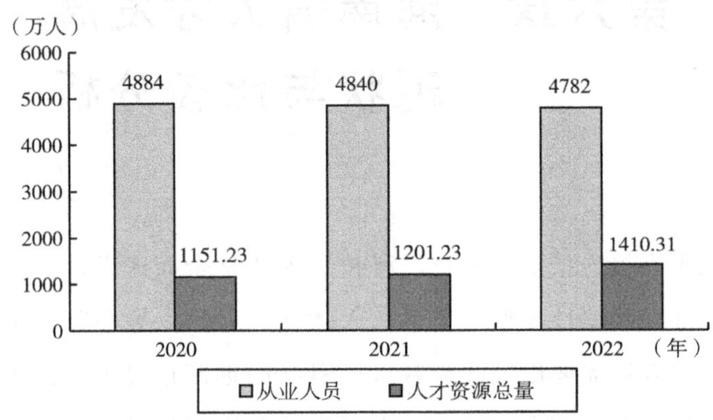

图6－1 2020—2022年河南省人才资源状况

二、人才质量稳步提升

一是河南省引进培养的院士不断增加。2023年11月两院外籍院士增选名单正式公布，河南省有3位在豫专家和3位外籍专家当选两院院士，新晋院士总数升至6人。与此同时，河南工业大学在一年的时间内成功引进了5位院士，既有国际顶尖的科学家，也有国内著名的工程院院士，展示了河南省卓越的引才育才能力。二是青年人才队伍不断壮大。2023年，河南新增国家杰出青年1名、国家优秀青年5名、国家“博新计划”7人，成功引进多名国家级人才。三是人才结构不断优化。数字经济人才和高技能人才队伍不断壮大，传统型人才逐步缩减，对河南省建设数字化强省和技能强省具有重要意义。同时，越来越多的青年人才不断涌现，人才队伍的年龄结构日益优化，为人才队伍的持续建设提供了源源不断的活力。四是人才培育的质量不断提升。围绕复合型、应用型、创新型人才培养，多所高校突破传统的育人模式，探索人才教育与人才实践的新路径，推动人才质量迈向新的台阶。平顶山学院历经五年探索出“7＋1双创工作坊”的育人模式，将人才培育方式从单一的专业能力训练方式扩展到创新创业俱乐部的混合型人才培养模式，有效提升了人才的实际应用和操作能力。

三、博士后人才快速增长

一是全国博士后创新创业大赛取得优异成绩。2023 年，河南省代表团共 41 个团队 109 名选手参赛，最终获得金奖 4 个、银奖 3 个、铜奖 5 个、优胜奖 9 个和优秀组织奖，金牌数和奖牌总数位居全国第 4 位，远超 2022 年首届的 2 金 3 银 1 铜的成绩。二是博士后招引质量不断提高。河南省博士后招引数量从 2021 年的 1020 人，快速增长至 2022 年的 2003 人，招引人数居全国第一方阵。2023 年 1—10 月，全省招引博士后 1859 人，其中 80% 为省外著名高校、科研机构的博士毕业生。三是博士后经费资助水平持续提升。博士后资助经费由 2021 年的 0. 9 亿元增长到 2023 年 1. 94 亿元，累计争取国家资助经费 3. 18 亿元。深入实施“中原青年博士后创新人才”支持计划，累计资助 72 余人。2023 年以来，全省 62 人获得中国博士后科学基金特别资助，居全国第 8 位。四是博士后科研平台建设取得新突破。河南省组织全部未取得流动站资格的 23 个一级博士点参加申报，新获批 17 个，通过率为 73. 9%，远超国家 59. 8% 的平均水平。

四、人才效能持续激发

建设河南省人才高地，做好人才的引育留用工作是基础，而着力提升人才效能是关键。近年来，河南省不断完善各项人才服务、大力推动科技创新、优化人才生态，为人才发展营造良好环境，有力激发了人才效能。一是人才对经济发展的推动作用不断彰显。截至 2022 年，高技能人才占技能人才的比重达 27. 7%，科技人才和创新人才成为推动经济高质量发展的重要力量，为经济发展和社会进步提供了重要保障。二是人才驱动发展的作用愈加明显。高技能人才对河南省经济社会发展的引领性、驱动性作用不断增强，人才引领、创新驱动成为高质量发展的重要推动力，提升发展能级的重要“引擎”。三是人才活力持续迸发。国以才立、政以才治、业以才兴。近年来河南省坚持问题导向，持续深化各类人才发展体制机制改革，不断破除人才在各个环节的体制机制障碍，盘活人才存量、扩大人才增量、提升人才质量，人才对社会发展的作用正在不断凸显。在经济建设、科技建设等各个领域，青年人才成为推动发展的重要力量（王平，2022）。四是人才满意度持续提升。人才服务配置的规模效率不断提升，有效激发了人才干事创业的积极性，人才日益增长的美好需要不断得到满足，人才服务高质量发展的格局正在逐步形成（见表6－1）。

表6－1　　2020—2022年河南省人才效能相关情况

指标	2020年	2021年	2022年
高新技术企业数（家）	6333	8387	10867
技术合同数（个）	11751	14876	22400
专利申请件数（件）	186369	167550	159020
其中：企业申请专利数（件）	104441	101813	106968
专利授权数（件）	122809	158038	135990
全省累计有效发明专利件数（件）	43547	55749	67164
其中：企业有效发明专利件数（件）	25736	32800	39977

五、招才引智成效显著

伟大事业呼唤人才，伟大时代造就人才。近年来，河南省高度重视招才引智工作，推动人才引进工作取得了显著成效。一是高层次人才引进工作取得累累硕果。截至2023年，河南省已成功举办六届招才引智大会，累计签约各类人才23.9万人，引进顶尖人才团队1312个，落地高质量人才合作项目超过2400个。在第六届“中国·河南招才引智创新发展大会”中，1300余家用人单位现场提供岗位5万多个，有力推动了河南省高层次人才引进工作。二是人才引进的后期服务不断完善。近年河南省通过多种渠道实现人才的深度对接，高质量做好嘉宾预约、后续联系等相关工作，真正实现人岗匹配、供需衔接，建立深入、长期的合作关系，人才的稳定性和实效性得到大大提升。三是招才引智长效化平台不断完善。近年来，河南省着力深化人才发展体制机制改革，全力培养、引进、用好和留住人才，走出了一条提升引才规模质量、强化科技支撑的聚才汇智之路。四是人才服务的政策体系不断完善。河南省积极出台《关于深化人才发展体制机制改革加快人才强省建设的实施意见》，以推动《关于汇聚一流创新人才加快建设人才强省的若干举措》落实为抓手，打造一站式人才服务平台，打通人才政策落地过程中的“最后一公里”，有力地吸引了各类优秀人才（张怡，2022）。

六、人才环境日益优化

充分发挥人才第一资源的作用，需要完善的人才服务物质条件和精神条件。近年来，河南省高度重视人才环境建设，推动了人才环境的不断优化。一是人才政策体系不断完善。在人才政策方面，河南省坚持系统升级、全面优化、集成创新、重点突破等原则，推动人才服务的政策体系不断优化和完善。以《关于加快建设全国重要人才中心的实施方案》为统领，构建全环节、全链条的人才服务政策，着力打造卓越人才发展高地。二是人才服务保障水平不断提升。河南省政务服务中心、河南政务服务网、“豫事办 APP”和一体机“四端”纷纷设立人才服务专区，打造“一站式”人才服务平台，为人才发展解除各种后顾之忧，不断提升人才服务和保障质量。三是人才服务的经济环境不断优化。截至 2022 年末，河南省拥有国家级工程研究中心（工程实验室）50 家，国家级企业技术中心 93 家，国家重点实验室 16 家，国家级工程技术研究中心 10 家。同时，河南省的研发投入不断增加，一大批省级实验室陆续建成，为科技人才和创新人才的成长和工作提供了良好的平台，进一步激发了科技创新动力。

第二节　河南省人才发展状况的比较分析

一、人才发展现状比较分析

在人才发展规模方面，随着人才体制机制的不断改革和人才工作质量水平的逐步提升，河南省的人才规模也在不断扩大。根据统计数据，截至2022年底，河南省全省人才资源总量为1410.31万人，高技能人才与创新科技人才总数均有很大的提升。在其他省份方面，截至2022年底，广东省技能人才总数达1850万人，其中高技能人才631万人，占比34.13%。江苏省2022年全省人才资源总量超过1400万人，研发人员达108.8万人，在苏“两院”院士达118人，人才总量保持全国领先地位。浙江省2022年全省人才资源总量1195万人。湖北省2022年全省人才资源总量911.5万人，“两院”院士81人，高层次人才总量居全国第一方阵。安徽省截至2022年底全省人才总量达1170多万，五年净增410万，区域创新能力升至全国第7，呈现出良好的人才发展态势（张大力，李晓明，商克俭，2022）。通过对比分析可知，河南省人才总量和规模虽取得了一定成就，但与广东省、浙江省等发达地区相比仍有较大差距，人才强省战略需要持续推进（见图6－2）。

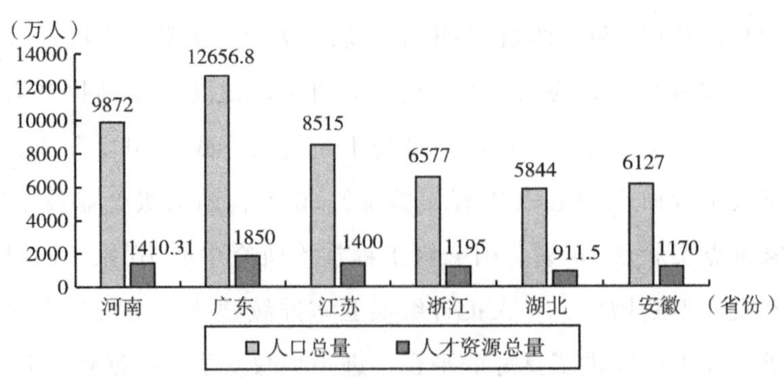

图6－2　2022年六省人才资源状况

在人才质量方面，近年来河南省不断完善引才育才等方面的工作，推动人才质量取得了较大提升。通过创新创业大会的举办，河南省吸引了一批优秀科技人才，为人才队伍注入了新鲜活力。在其他省份方面，广东省也在全面提升人才质量。过去五年，广东省狠抓教育高质量发展，造就了一大批拔尖创新人才。江苏省实施“百千万”人才计划，着力打造高质量人才强省，在人才招引、人才培养、人才攻关、人才评价、人才服务等方面“谋新招”“亮硬招”，培育选拔了千名以上领军人才，培养造就了万名以上高技术技能人才。浙江省着力提升技能人才质量，统一技能人才评价标准，聚天下英才共建浙江，让更多的“千里马”脱颖而出。湖北省推出了一系列服务人才的政策与措施，努力优化人才发展环境、释放人才创新活力，以“人才兴鄂”为高质量发展注入新动能。安徽省出台了高质量人才发展工作 30 条，努力营造“近悦远来”的人才生态，构建人才强“磁场”，2022 年江苏省新增人才 94 万人，总量突破 1100 万人，入选国家级计划 1300 余人，居全国第 8 位。总体而言，各省都在不断创新措施，加大优质人才招才引智力度，构建高质量人才“摇篮”，在推动人才发展质量方面取得了显著提升。

在人才结构方面，河南省科技人才与数字化人才不断涌现，更多的优秀青年人才脱颖而出，推动了人才发展结构日益优化。与此同时，广东省也在不断优化人才规模和结构，通过打造高端平台与深化体制机制改革，广东省的人才结构不断优化升级。江苏省专业技能人才与高技能人才不断增多，但同时科技人才队伍也存在着职称结构、年龄结构、学历结构、行业结构不尽合理等突出问题，在一定程度上阻碍了人才发展的进程。浙江省围绕浙江省人才发展“十四五”规划，对人才进行梯队建设，着力释放澎湃动力，推动了人才结构的不断优化。湖北省深入推进职业教育供给侧结构性改革，全面推行终身职业技能培训制度，不断优化人力资源结构，提出到 2025 年，湖北省每年新增技能人才 20 万人以上的目标。安徽省重视高层次人才与专业技能人才的培育工作，截至 2022 年，安徽高层次人才

49.7万人，专业技术人才总量达477万人，推动了人才结构的不断优化。整体来看，各省都在着力提升高技能人才与高层次创新人才占比，推动人才发展结构转型升级。

在人才效能方面，近年来河南省的人才效能不断激发，人才对经济发展和结构转型的驱动作用日益明显，人才活力持续迸发，成为推动经济高质量发展的重要力量。与此同时，广东省技能粤军队伍不断壮大，各地纷纷探索建立"人才效能城市"，人才的第一驱动力作用不断彰显。在高层次人才不断增加的背景下，江苏省人才强省和人才发展现代化先行区的建设迈出实质性的步伐。浙江省提出人才科技贡献率到2025年力争实现70%的目标，多措并举推动人才引育整体效能的不断提升。湖北省在全省范围内联动开展"人才周"，构建引才聚才强"磁场"，有效激发了人才活力与人才潜能。安徽省着力打造"引才汇智"强"磁场"，推动了人才队伍持续壮大、人才平台持续提升、人才效能持续释放、人才政策持续优化。总体来说，通过人才结构的不断转型以及招才引智工作成效的不断提升，各省的人才效能都取得了可喜的进步，人才对经济增长的推动作用日益彰显（见表6－2）。

表6－2　2022年六省人才效能相关情况

指标	河南省	广东省	江苏省	浙江省	湖北省	安徽省
高新技术企业数（万家）	1.10	6.90	4.40	3.57	2.00	1.50
技术合同成交额（亿元）	1025.30	4525.42	3888.58	2546.50	3040.75	2912.63
专利申请件数（万件）	16.91	99.34	66.25	51.38	20.21	22.11
专利授权数（万件）	13.60	83.70	56.00	33.30	16.10	15.70

二、人才发展面临形势比较

在人才发展过程中，广东省、江苏省、浙江省、湖北省和安徽省面临着不同的形势。

广东省人才发展面临如下形势：一是技能人才缺口较大。广东省技能人才缺口每年近40万，远远不能满足经济发展对技能人才的需求，阻碍了技能强省的建设进程。二是人才发展的体制机制不够顺畅，各种阻碍人才发展的制度依然存在。三是高精尖人才比较匮乏，人才质量有待提升。在先进科技产业界产生重要影响的世界级大家、大师偏少，能够把握、规划和推动关键领域取得创新突破的战略科学家群体仍然稀缺。四是人才结构和布局不尽合理，人才活力尚未被充分激发，人才创新创业能力普遍不强。五是人才政策措施不够系统配套，人才引进后不能得到很好的保障和安排。六是人才队伍大而不强的问题，人才整体效能较低，需要持续深化改革，不断探索解决。

江苏省人才发展面临如下形势：一是地区间人才发展水平差距较大。苏南和苏北地区的人才结构和人才质量方面存在很大的差距，在一定程度上不利于区域人才的可持续发展。二是高质量人才较为紧缺。高质量人才数量较少，难以满足经济转型对于人才的需求，在一定程度上阻碍了经济的发展。三是数字技能人才的培养尚处于起步阶段，人才培训、评价、激励与考核机制亟待完善。数字技能人才队伍建设处于起步阶段，数字技能类专业开发、职业培训、职业标准和评价规范需进一步建设和完善。四是技能人才队伍结构性短缺与人才过剩并存，传统人才面临转型难的问题。随着制造业数字化转型，高精尖设备逐步取代传统设备，对人才的数字技能要求也在不断提升，导致了以手工操作为主的传统产业工人过剩，而复合型高技能人才短缺的困局。

浙江省人才发展面临如下形势：一是人才资源结构不尽合理。人才队伍在发展过程中存在低端人才过剩而高端人才不足的问题，人才的实践能力和信息技术等关键技能缺乏。二是人才的流动性较高。由于本地缺乏多样化的就业机会和创新创业环境，人才管理的缺失以及福利待遇较低等原因，造成高端人才流出量较大，在一定程度上不利于经济的持续发展。三是人才的后备资源储备不足。青年人才资源较为缺乏，在青年人才引进方面的工作仍需不断改进。四是缺乏数字化创新人才。数字经济的发展，关键在于人才驱动，但江苏省现有的数字人才数量远远少于实际需求，亟待通过本地化培养与引进来弥补巨大的人才缺口。

湖北省人才发展面临如下形势：一是科技人才缺乏。高校毕业生流失严重，湖北省高校的专业毕业生大多流向于长三角、珠三角等经济发达地区，造成本地人才流失的趋势不可逆转。此外，由于薪酬待遇不佳等原因，许多企业的工资水平与其他企业相比有很大差距，在一定程度上加速了人才外流的趋势。二是产业结构相对单一造成人才发展机会较少。湖北省的产业结构相对单一，主要以传统的制造、加工和低端服务业为主，缺乏具有吸引力的新兴产业和高端就业机会，使人才难以找到适合自己的岗位，选择离开的可能性更大。三是人才激励与保障不足。与经济发达省份相比，湖北省缺乏一线城市的环境和氛围，缺乏具有较大吸引力的人才政策，对人才的激励与保障体制尚待完善。

安徽省人才发展面临如下形势：一是高层次人才紧缺。在“卡脖子”的关键核心领域，缺乏掌握专业知识技能的高层次人才，造成企业的研发和应用困难。二是对人才的吸引力较弱。一线城市、大厂对高层次人才的虹吸效应较为明显，而其他地区对人才的吸引力较弱，在一定程度上造成了安徽省引才困难。三是校企融合度较低。教育体系里的人才培养与实际工作环境相比有很大的差距，人才培养模式与实际的工作环境、生产需求不匹配，造成人才与企业在目标和能力上出现错位，求职者一方缺工作，而企业一方缺人才。四是人才成长的渠道不够顺畅。对人才的制度限制等其他限制仍然较多，在一定程度上阻碍了人才的成长与发展。

通过分析广东省、江苏省、浙江省、湖北省和安徽省的人才发展形势，我们发现五省在人才发展方面有着许多共性问题。

一是都面临着高端人才不足的问题。随着经济转型升级步伐的不断加快，各地对人才的需求也在不断更新，传统型人才很难满足经济不断发展的需要。在未来发展中，广东省、江苏省、浙江省、湖北省和安徽省都需要通过引育培留等多种手段，打造更多具有行业影响力的高端人才。二是都面临着人才成长的体制机制不畅问题。人才引进机制不够规范、激励机制不够到位、流动机制不够灵活等诸多问题仍然在很大程度上制约着五省人才的向上发展。在人才工作中，五省更需要坚持解放思想、大胆探索、不断创新、努力创造，建立一个更适宜人才成长的体制机制。三是都面临着高技能人才短缺问题。由于新职业发展时间普遍较短，技工院校专业更新和职业技能培训课程更新需要一定周期，往往跟不上产业、企业调整的步伐，使数字化新职业人才供给速度远远跟不上市场对专业化数字技能人才的需求增速。最终导致技工院校对企业需要的专业化数字技能人才培养不足，人才链和产业链出现脱节，在一定程度上制约了五省的高质量发展。

在分别对广东省、江苏省、浙江省、湖北省和安徽省的人才发展面临形势进行分析并归纳出五省面临的普遍问题之后，我们将目光转向河南省。与前五省相比，河南省在人才发展方面面临的形势也存在着高端人才不足、高技能人才短缺的问题，高技能人才总量较少，结构质量较低，无法满足产业结构优化升级的需求，同时高技能人才培养载体缺失、评价体系不完善以及社会氛围不足等因素，都在一定程度上阻碍了人才的发展（曾凡清，2022）。

相比之下，由于特殊的历史原因和经济原因，河南省在人才发展面临的形势方面也有许多不同的地方。一是人才流失较为严重。由于教育资源缺乏，经济发展水平较低、就业机会不足等原因，大量的人口流出河南省，造成本地人才稀缺。二是对优质人才的吸引力较低。相比于其他发达省份，河南省经济发展水平较低，就业人员平均薪酬也较低，在一定程度上造成了人才发展的动力不足，引才工作面临困境。三是人才队伍内在活力不足。河南省本地高等教育资源不足，双一流高校等优质教育资源较为稀缺，缺乏推动人才队伍建设的内生动力。

三、人才发展主要经验总结

在分析了五省人才发展各自面临的形势和共同问题之后，结合河南省人才发展面临的普遍问题与特殊情况，我们总结出以下推动河南省人才发展的经验。

一是要积极制定优惠政策，吸引和留住人才。针对人才发展的现实困境，引导企业提高薪资待遇，吸引和留住人才。政府可以给予企业税收减免和贷款支持等激励政策，着力提高企业的发展空间和利润，使企业有能力给予人才合理的薪资待遇，最大限度地留住人才，提升人才满意度与幸福感。

二是要不断完善人才发展的体制机制。根据本地特色，制定具有差异化和吸引力的引才政策。持续加大对人才教育事业的投入，着力增加科技创新人才和高技能人才培训机构的数量和质量，从源头上提升人才培养水平，鼓励更多优秀青年人才脱颖而出。在人才的使用与留住人才方面，要根据人才成长的特点，将合适的人才安排到合适的岗位，不断完善人才工作、生活的保障体系，留住更多优秀人才，服务地方经济的发展。

三是要不断优化人才结构与布局。不断优化拔尖人才的顶层设计，探索招生与培养联动改革，在高水平“双一流”高校率先设立试点基地，提供有针对性的政策倾斜和资源支持，鼓励探索多样化的“学科—专业”融合发展路径，探索构建长周期的人才培养体系和机制。同时要着力打造青年人才后备军，完善青年人才引进培养使用机制，重点挖掘并支持有潜力的青年人才成长。

四是要及时为优秀人才提供干事创业的平台。通过建立科研机构、孵化器和创投基金平台等方式，着力为创新人才和高技能人才提供更多的支持与保障（张玉娟，王素娟，2020）。同时要深化人才激励机制改革，破除“平均主义”的传统思维，在人才全方位发展方面持续发力，建立健全人才服务保障体系，为各类人才搭建干事创业平台，让事业激励人才，让人才成就事业。

第三节　主要实践与经验启示

一、政策持续发力，优化人才生态

环境好，则人才聚、事业兴；环境不好，则人才散、事业衰。良好的政策环境是促进人才成长、成才的重要保障。一是要积极出台促进人才成长的政策体制。良好的政策服务体制是促进人才健康成长的“沃土”，要紧紧围绕《河南省“十四五”人才发展人力资源开发和就业促进规划》，加快实施创新驱动发展战略、人才强省战略、科教兴省战略，推动人才政策服务体系逐步完善，持续优化人才发展环境。二是要着力破除阻碍人才成长的各类政策体制弊端。打通促进人才发展的渠道通路，拓宽人才成长空间。解决各种阻碍人才发展的结构性体制机制弊端，优化公共服务供给体制、户籍制度、劳动体制、技术体制以及兜底体制等。三是打造良好的人才创新生态。不断强化对科技创新人才和高技能人才的重视程度，强化技能型、创新型、应用型人才培养，激发高技能人才创新创业活力，从而带动整体创新环境的优化。

二、激发人才活力，鼓励人尽其才

推动人才事业发展，要着力激发人才活力，鼓励人尽其才，形成人人渴望成才、人人努力成才、人人皆可成才、人人尽展其才的良好局面。一是要建立能够激发人才活力的体制机制。按照以人才为本、尊重人才、信任人才、善待人才、包容人才的总要求，完善人才工作体制机制，大胆向用人主体放权，为人才松绑，让人才创新创造活力充分迸发，使各类人才都能够各得其所、尽展其长。二是要优化人才管理路径，用好用活人才。建立多元化的人才评价机制，对基础研究人才、应用研究人才和技术开发人才采取差异化的评价方式，对人才的评审要更加注重品德、能力和业绩，真正发挥人才评价的“指挥棒”作用。同时，积极为人才减负松绑，优化整合人才计划，根据人才成长规律，培养、引进和集聚更多一流人才，扩大高质量人才供给。三是要完善人才发展服务，做到人尽其才。要高度重视人才成长的各类服务，根据人才的优势和特点，将合适的人才安排到适宜的岗位，提升人岗匹配度，不断提升人才工作的满意度和幸福感（王静，2023）。

三、优化创新载体，助力人才成长

良好的创新载体是促进科技创新人才与高技能人才发展作用的基础与保障，要不断优化各类创新载体，助力优秀人才成长。一是要积极打造以众创空间为核心的全产业链孵化与创新载体。以众创空间为基础，加速完善孵化器、加速器和专业园区等配套设施建设，构建人才创新创业的一站式服务平台。二是要不断完善创新载体的硬件设施。持续加大对科研设施的投入力度，建设先进的实验室、设备和技术平台，为创新活动提供必要的条件和支持。同时要加强对各种创新设备的维护力度，确保创新设备能够正常运行和发挥作用。积极推动创新设备的共享与开发，促进创新资源的共享和互动，提升创新效率和效果。三是要完善各类创新载体的建设机制。加强对河南省创新载体的规划和布局，建立创新载体网络，不断拓宽创新载体的覆盖面和服务范围，加强对创新载体的管理，建立健全创新载体的运营机制，着力提升创新载体的效益和可持续发展能力。四是要不断完善创新载体的软实力。加强人才队伍建设，吸引和培育各类一流人才，为创新活动提供强有力的支持与保障。

四、凝聚创新动力，推动人才转型

科技是第一生产力，人才是第一资源，创新是第一动力。科技创新人才是建设制造强省的基础性、战略性支撑，要持续激活创新动力，培育更多创新创业型综合人才，推动人才结构转型升级。一是要着力营造良好的创新生态。继续实施创新驱动发展战略，全面发力进行科技体制改革，推动重要科技领域和关键环节改革取得显著成效，优化创新科技资源分配，全面提升创新整体效能。二是要不断释放创新活力。加快建立河南省创新协同机制，完善产业链和创新链布局，给予创新领军人才更大技术路线决定权和创新经费使用权，破除“唯论文、唯职称、唯学历、唯奖项”等的单一评价体系，加强对知识产权的应用与保护，促进人才、资本、技术、知识顺畅流动，推动科技创新成果转化为现实生产力。三是要多渠道凝聚创新动力，为创新人才的发展提供资源。要充分激发企业主体的内生活力，发挥企业家的创新意识，强化企业的技术创新主体地位，鼓励企业与大学等科研机构进行合作，促进产学研用深度融合。

五、精准引进人才，建设人才强省

得人之要，必广其途以储之。一是要紧紧围绕河南省人才工作部署进行人才引进。根据“两个确保”的目标和河南省新兴战略产业的重大需求，充分利用各种资源进行人才引进，坚持国内国际两个市场共同引入和本土化人才培养并重的策略，重点引进科技创新人才和高技能人才。二是要积极拓宽人才引进的渠道。坚持“不求所有，但求所用”的原则，利用互联网平台、新兴媒体等渠道广泛宣传河南省的引才用才政策，吸引更多优秀人才。三是要大胆探索人才引进新模式。结合河南省的经济社会发展特点，探索适合的人才引进方式。广泛实施“人才飞地”等柔性引才方式，给予人才更多的成长空间和发展空间。四是要充分运用市场力量，实施市场引才。对于河南省各类市场主体的人才需求，要充分发挥市场的主导作用，发挥人力资源服务业的优势。积极引导企业等用人主体强化引才意愿，通过引才奖补等方法，提升市场主体引才的积极性。

六、潜心培育人才，厚植成才根基

人才培养是实施人才强省战略的基础性支撑，要高质量做好创新人才、高技能人才等各类人才的培养工作，厚植成才根基。一是要充分发挥河南省高等院校人才培养主阵地的作用。加强紧缺人才的专业学科设置，提升人才培养与人才就业的匹配度，真正让人才服务于地方经济建设。同时，要大力发展新型职业教育，重点聚焦河南省10大战略性新兴产业，积极培养大国工匠、能工巧匠等高层次技术技能人才和实用技能型人才，为技能河南建设提供高质量的人才支撑。二是要抓好青年人才的培养工作。青年人才是人才队伍的重要驱动力和后备军，要加大对青年科技人才和高技能人才培养的重视程度，为青年人才的培养和成长提供良好的社会环境，给予青年人才更多的政策支持和社会保障，鼓励更多有为青年参与河南省的现代化建设。三是要探索高等教育分类发展新路径。以“四个面向”为导向，持续加大对“双一流”高校建设的支持力度，引导特色骨干大学更好地服务于地方经济的发展。

七、合理用好人才，提升人才效能

人既尽其才，则百事俱举。合理用才是保证引才育才实效的关键。推动人才工作发展，要在人才的合理使用上下大功夫，合理用好人才，提升人才效能。一是要树立科学的选人用人导向。善于发现人才的优点与特色，根据人才的特点，为其提供合理的干事创业的平台，使各类人才的积极性与创造性能够得到充分的发挥。在人才的使用过程中，给予每个人才公平合理的竞争机会，着力消除不合理的人才歧视，不以学历作为评价人才的唯一工具。二是要推动政产学研用的深度融合与发展。促进先进科技成果转化，提高产业系统—政府部门—科研院所的协同度，为人才实践提供更多平台与资源，及时为优秀科研成果提供转化与落地的机会，推进政产学研资源的深度整合与开放共享，构建人才共享、协同开发、联合攻关、要素融合的人才创新共同体。三是要大胆使用各类青年人才。青年人才是河南省的未来和希望，要积极鼓励和支持青年人才在经济发展中挑大梁、当主角，完善各项青年人才服务，为青年人才提供良好的干事创业平台。

八、精诚留住人才，打造人才摇篮

留住人才，留好人才，是人才工作的最终目的，也是提升人才工作成效的重要因素。一是要不断优化人才服务的制度设计。加强人才法治化建设，将人才工作的各个环节纳入法治化轨道，为人才工作提供有力的法律保障，让人才留得安心、干得舒心。二是要打造具有河南省特色的人才生态。构建完善的人才协同治理体系，根据地方特色，构建人才发展的全周期、全链条服务体系，全力为人才成长提供优质的公共服务，不断优化人才发展的软环境和硬环境。三是要强化人才服务政策的实效。良好的政策制度是吸引人才的重要基础，优质的政策实效是留住人才的关键。在各项人才政策的实施过程中，要不断完善对现有政策和实施效果的评估，加强对政策实施效果的监督，真正让各项人才政策服务人才发展。同时，要积极借鉴发达地区的人才工作做法，并结合本地特色进行制度创新，与时俱进完善各项留才政策与服务，彰显河南省人才工作的诚心与实意，力争最大限度地留住人才、留好人才（艾栋，管雨晴，董广萍等，2023）。

参考文献

[1] 艾栋，管雨晴，董广萍，等. 河南省高层次创新型人才问题与对策研究 [J]. 科技资讯，2023，21（6）：214－219.

[2] 王静. 河南省高技能人才队伍建设问题与对策探究 [J]. 人才资源开发，2023（17）：15－16.

[3] 王平. 河南人才工作机制体制创新发展趋势分析 [J]. 人才资源开发，2022（9）：6－8.

[4] 张大力，李晓明，商克俭．河南省人才引进政策回顾、现状与展望［J］．人才资源开发，2022（5）：11－13.

[5] 曾凡清．河南省人才培养过程中存在的问题及解决策略［J］．就业与保障，2022（5）：133－135.

[6] 张怡．河南省高层次人才引进的方向与对策［J］．人才资源开发，2022（23）：16－17.

[7] 张玉娟，王素娟．河南省科技人才引进政策比较及建议［J］．黄河．黄土．黄种人，2020（7）：46－48.

第七章　河南省经济高质量发展基本特征与比较趋势

我国经济已由高速增长阶段转向高质量发展阶段，推动经济高质量发展已成为当前我国经济发展的首要任务（卫中旗，2019）。党的十九大报告将高质量发展定位为更高质量、更有效率、更加公平、更可持续的发展。河南省把实现经济的高质量发展作为今后一个时期的主要奋斗目标，把现代化河南建设作为中心任务，作出了“两个确保”、实施“十大战略”的重大部署。河南省经济高质量发展的基本特征和发展趋势如何？与相关省份相比有哪些优势和不足？弄清这些问题，将有利于我们更好地实现“两个确保”，助推河南省经济实现高质量发展。

第一节　河南省经济高质量发展的内涵和特征

一、河南省经济高质量发展的主要内涵

随着时代的发展，我国经济已由高速增长转为高质量发展阶段，高质量发展成为中国经济的基本特征。目前，不同学者对经济高质量发展的内涵有不同的理解。从人的全面发展角度，金碚认为，经济发展的本真性实质上就是以追求一定经济质态条件下更高质量目标为动机（金碚，2018）；从有效化解社会主要矛盾角度，陈彦斌认为，高质量发展是缓解社会主要矛盾、加快推进质量强国建设、加快迈向质量新时代、加快实现中国梦的必然路径（陈彦斌，2021）；从五大发展理念角度，贾光宁指出，经济高

质量发展是指经济增长的速度和数量在发展到一定阶段后，实现经济优化、创新驱动、经济协调、绿色生态、民生共享的全方位发展（贾光宁，2022）。

河南省经济高质量发展的内涵是以创新发展增强发展动力、以共享发展实现共同富裕、以协调发展解决发展不平衡问题、以开放发展补齐短板、以绿色发展实现可持续发展。作为农业大省和人口大省，河南省实现经济高质量发展，对提高全要素生产率，让科技与农业结合，全面推进乡村振兴，实现“两个确保”具有重要现实意义。

二、河南省经济高质量发展的基本特征

根据对河南省经济的调查，发现河南省经济高质量发展在五大发展理念的指导下具有稳定性、高效性、协调性、成长性的特点。

（一）稳定性

2022 年以来，为有效应对错综复杂的经济形势保证经济稳定发展，河南省建立了全省高效统筹疫情防控和经济社会发展“1 + 1 + N”工作体系；围绕“六稳”“六保”工作，推出了“三个一批”“万人助万企”“四个拉动”“四保”白名单企业（项目）管理等牵引性举措；全省经济主要指标回升反弹强劲，复苏回暖有力。2022 年全省地区生产总值 61345. 05 亿元，比上年增长 3. 1%，全年人均地区生产总值 62106 元，增长 3. 5%。呈现出总体平稳、稳中向好的发展态势。

从开放发展理念上来看，河南省受 2021 年外贸高增长形成的高基数影响，2022 年上半年进出口实现稳定增长，民间、RCEP 国家、共建“一带一路”国家进出口呈现亮点，航空货运、中欧班列运输量稳定增长。

从共享发展理念上来看，2022 年以来，河南省围绕保供稳价、稳岗促就业，采取了一系列政策措施，物价就业保持总体稳定，民生保障稳健有力。物价水平温和上涨，2022 年全省居民消费价格比上年上涨 1. 5%，低

于全国0.5个百分点；就业形势稳定向好，全年全省城镇新增就业人员117.18万人，城镇失业人员再就业36.57万人（阮金泉，王承哲，2022）。

（二）高效性

为了提高经济发展效率，河南省大力进行产业革新，利用技术创新发展高效产业体系。河南省提出围绕重点发展的产业和关键技术领域，引导企业、高等院校、科研机构瞄准产业技术创新的关键问题开展集体攻关，突破产业发展的核心技术，提升产业的整体竞争力；围绕省内高成长性产业、传统优势产业和战略性新兴产业的重点领域，着力构建产业和产业集群技术创新体系。

河南省实施战略性新兴产业科技成果转化工程，建立健全知识转移和技术扩散机制，加快科技成果转化应用，引导战略性新兴产业健康发展。实施传统产业技术创新工程，完善新技术、新工艺、新产品的应用推广机制，提升传统产业创新发展能力（金东，2021）。截至2022年末，河南省共有省级及以上工程技术研究中心3345个，其中国家级10个。国家级重点实验室16个、省重点实验室249个。重大新型研发机构16家。高新技术企业10872家。科技型中小企业22004家。省实验室10家、省中试基地36家、省技术创新中心24家。国家农机装备创新中心、国家超算郑州中心等“国字号”创新平台也先后落户河南。经过多年的不懈努力，河南省实现传统农业大省向新兴工业大省的历史性转变（金东，2021）。

随着时代和科技的进步，数字经济在促进经济高效发展中发挥着不可或缺的作用。“十三五”以来，河南省持续优化数字经济顶层设计、增强创新驱动、有效推进数字基础设施建设。工业企业数字化转型稳步发展，数字乡村建设加速实施，数字经济已成为带动全省经济高质量发展的重要“引擎”。近年来，河南省数字经济发展势头良好，2018—2022年，河南省数字经济规模连续五年突破万亿元。河南省经济在创新驱动和不断完善产业链中高效发展。

（三）协调性

河南省产业结构近年来逐渐呈现“三二一”的新型产业格局，通过泰尔指数等对河南省整体产业结构合理化程度、高级化水平进行测度，发现两者均逐渐提升，各产业均处于有序协调状态，产业结构不断往高级化趋近（涂田云，2022）。

自 2012 年脱贫攻坚战打响以来，全省各族人民不懈努力，截至 2020 年底，河南省 53 个贫困县全部脱贫摘帽，700 余万贫困人口全部脱贫（吴英迪，袁健，彭展，2022）。河南省从制度上预防和解决返贫问题，巩固拓展脱贫攻坚成果。截至 2022 年 2 月，全省有返贫致贫人口 69.02 万人，通过精准帮扶，消除有返贫致贫风险的人数约为 23.80 万人，人数占比 34.5%（宋彦峰，2022）。

在乡村振兴背景下，河南省农村基础设施不断完善。“四好农村路”建设工程推进，农村的道路状况取得了很大的改善，截至 2020 年 12 月底，河南省农村地区互联网普及率已经提高到了 55.9%（李卫涛，2021）。在“十二五”期间，河南省出资建设 150 多个农村健身基础设施，同时还建设了 1450 多条健身路径，整改农村道路建设。2022 年发放农村低保金 75.33 亿元，年末共保障农村低保对象 274.18 万人；发放农村特困人员救助供养金 39.06 亿元，年末共保障农村特困人员 47.84 万人。

（四）成长性

河南省是一个人口大省，并且人口还在日益增加，截至 2022 年全省常住人口 9872 万人。但是由于地区和经济实力的限制，我省并未完全发挥人才优势，还存在人才资源匮乏的现象，为了实现人力资源的转化，为此我省实施科教兴省、人才强省战略。2022 年全省研究生招生 33234 人，在学研究生 91916 人，毕业生 20633 人。普通高等教育招生 93.67 万人，在校生 282.33 万人，毕业生 77.80 万人。成人高等教育招生 33.43 万人，在校生 69.44 万人，毕业生 27.48 万人。中等职业技术教育招生 54.94 万人，在校生 150.14 万人，毕业生 48.86 万人。教育的发展和人才的增多为经济发展带来了高质量人才，优化了人力资源，促进了经济高质量发展。

河南省也是一个农业大省，有着坚实的基础和比较优势。河南省 2022 年全省粮食产量 6789.37 万吨，比上年增加 245.17 万吨，增产 3.7%；全省油料产量 684.03 万吨，比上年增产 4.1%，其中花生产量 615.41 万吨，增产 4.6%；蔬菜产量 7660.35 万吨，增产 3.1%；食用菌产量 184.95 万吨，增产 3.8%；瓜果产量 1506.90 万吨，增产 3.2%；全省猪、牛、羊、禽肉总产量 655.27 万吨，比上年增长 2.2%。河南省在保证每年产量的基础上，积极将现代化科技融入农业当中，促进农业发展，加强农业基础研究和前瞻布局，密切结合市场需求，聚焦重点领域，集中资源力量进行核心技术攻关，让优势更优、强项更强，不断成长。

河南省位于我国中部平原地区，承接南北方和中西部，地理位置优越。在对外贸易上，全面参与共建“一带一路”，以“空、陆、网、海”四条丝绸之路协同发展为突破口，加强开放平台载体建设，推动国际贸易往来和产能。在国内贸易上，依靠四通八达的交通发展物流业和服务业，推进河南省第三产业的发展，优化产业结构。

第二节　河南省经济高质量发展的发展趋势

根据河南省统计局的数据可知，按照地区生产总值统一核算，2022 年河南省地区生产总值（GDP）突破 6 万亿元，达 61345.05 亿元，同比增长 3.1%，高于全国平均水平 0.1 个百分点。河南省遵循新发展理念，推进创新、协调、绿色、开发、共享发展，深入实施“十大战略”，实现全省经济运行保持稳定，整体呈现“持续恢复、稳中向好”的态势。

一、创新发展，增强市场活力

目前，河南省在“十四五”科技创新规划的引导下，取得了不小的进步。特别是近两年，是河南省把创新驱动、科教兴省、人才强省战略摆在“十大战略”首位，足以看出当今的河南省对科技创新的重视程度。

2022年末河南省共有省级及以上企业技术中心1545个，其中国家级93个。省级及以上工程研究中心（工程实验室）964个，其中国家级50个。省级及以上工程技术研究中心3345个，其中国家级10个。国家级重点实验室16个，省重点实验室249个。重大新型研发机构16家。高新技术企业10872家。科技型中小企业22004家。省实验室10家、省中试基地36家、省技术创新中心24家。全年专利授权量达到135990件。截至2022年末，有效发明专利67164件。全年签订技术合同2.24万份，比上年增长27.2%；技术合同成交金额1025.30亿元，增长68.4%。

由表7-1可知，河南省2019—2022年技术市场合同成交情况呈现逐年递增情况，成交额也在快速增长。从这些数据可以看出，河南省已经将科技创新作为重要的发展战略，科技创新已经成为全省上下都意识到的主流思想。

表7-1　　2019—2022年技术市场合同成交情况

年份	合同数（个）	成交额（万元）
2019	9310	2340686
2020	11751	3844965
2021	17650	6088925
2022	22400	10253000

河南省在科技创新方面还存在一定的不足。一是科技型中小微企业自主创新能力不足。中大型的创新型企业受到省内政策的扶持，也因规模大会轻松进行融资。但中小微企业是科技创新的重要载体，面临着融资难、吸引不到人才的难题，导致创新能力有待加强。二是科技创新力量发展不

平衡。河南省整体的经济发展水平呈现不平衡的特点，有的偏远县区仅具有粗加工的生产方式，更别提进行科技创新，这也成为在乡村振兴战略实现中有待攻克的难题。三是创新储备与吸引资源力度不足。科技创新需要人力、财力与物力的有机结合，与其他先进省份相比，固有创新资源是比较缺乏的，如人才方面，河南省虽是人口大省，但高等教育特别是优质的高等教育资源较少，很多高新技术人才去了别的省份，导致人才外流。因此，河南省在之后的发展中要注重人才的保留，大力发展高等教育，引进教育资源，为经济高质量发展提供人才支撑。

二、协调发展，优化产业结构

为了提高河南省产业结构的经济产出效应，运用灰色关联分析法计算河南省 2000—2019 年经济发展水平与三次产业增加值之间的关联系数和关联度，（灰色关联分析主要用来分析灰色系统主行为因子与相关行为因子的关系密切程度，进而判断该系统发展的主要因素和次要因素）。由数据可知 2019 年，第二产业与河南省 GDP 关联度为 0. 8335，第三产业为 0. 7564，第一产业为 0. 7481。可得河南省 GDP 与第二产业产值关联度最大，其次是第三产业，最后是第一产业（钱梦瑶，孙英隽，2021）。

由表 7 - 2 可知，2012—2017 年河南省的第二产业在三大产业中占比最大，第三产业居第二位，第一产业居第三位。自 2018 年以来，河南省第三产业逐渐超过第二产业的占比，跃居于河南省三大产业占比第一，第二产业居第二位，第三产业位于第三位。由此可知，河南省近年来产业结构不断优化，第三产业服务业快速发展，处于稳定增长趋势。

表 7 - 2　河南省 2012—2022 年生产总值分产业构成　单位：%

年份	第一产业	第二产业	第三产业
2012	12. 4	51. 9	35. 7
2013	12. 1	50. 6	37. 3

续表

年份	第一产业	第二产业	第三产业
2014	11.5	49.6	38.9
2015	10.8	48.4	40.8
2016	10.1	47.2	42.7
2017	9.2	46.7	44.0
2018	8.6	44.1	47.2
2019	8.6	42.9	48.5
2020	9.9	41.0	49.2
2021	9.5	41.3	49.1
2022	9.5	41.5	49

2020 年中国数字经济规模达到 39.2 万亿元，占 GDP 的比重为 38.6%，可见数字经济已成为我国经济发展的核心增长极。数字经济产业的先进技术和生产方式融入传统制造业，能提高制造业资源配置效率，有效推动其转型升级。目前为全面推进大数据、鲲鹏计算、网络安全等新兴产业发展，引进了华为、阿里巴巴等数字化企业作为引领产业，培育了信大捷安、山谷网安等骨干企业（王燕，2023）。

河南省科技创新与数字经济在近两年取得了不少成绩，但与先进省份相比，还存在着不小差距。在互联网、大数据发展的今天，需要科技创新与数字经济协同发展，以科技支撑经济、以创新驱动经济、以数字优化资源配置，提高效率。

三、绿色发展，推动经济可持续

河南省实现经济高质量发展离不开绿色可持续发展，要把“绿水青山就是金山银山”的理念贯穿到经济发展的整个过程当中。

河南省作为工业大省和能源大省，在制造业绿色低碳转型方面，一直遵循国家战略方针，在转型升级速度、路径和抑制“两高”工程项目等方面都取得了显著成效。截至 2022 年初，河南省已深入推进新一代信息技术与制造业的融合发展，全面建设绿色制造系统，将 24 家绿色工厂、2 家园区、4家绿色供应链管理示范企业、29项绿色设计产品纳入工信部绿色制造体系公示名单，2项节能技术、10项节能装备、13项“能效之星”产品进入工信部的推荐目录（宋爱峰，梁慧慧，潘朗暄，2023）。

河南省积极开展生态保护和修复，不断强化环境建设和治理体系、治理能力，在各项工作中倡导资源节约、集约利用，进一步完善生态文明考核评价体系，建立市场化、多元化的生态补偿新机制，在碳排放与高质量发展中找到平衡点，加快形成节约资源和保护环境的发展理念和发展模式，用制度构建完善绿色治理体系。不断提升绿色发展治理能力，通过不断强化责任意识、不断完善治理体系、不断提升治理能力来实现绿色可持续发展，将绿色发展作为高质量发展的基石，在创新中谋求治理能力的提升。

但是河南省的绿色技术创新整体水平不高，且地区之间差异性显著，在未来的发展中，河南省要加强对创新的投入，创造创新的环境，制定相关的优惠政策，加大对人才的引进，促进城市之间的协同互助。

四、开放发展，加强对外贸易

改革开放以来，河南省坚持以经济建设为中心，抢抓机遇，乘势而上，积极“引进来”和“走出去”，经济社会发展取得了令人瞩目的辉煌成就，对外开放成绩斐然。但与全国及其他先进省（区、市）相比，河南省对外开放仍存在整体水平不高、外贸结构有待优化、多元化格局尚未形成等短板。最后提出河南省应积极融入“一带一路”的倡议，多措并举，推动新时代对外开放事业高质量发展。

“走出去”步伐加快。河南省积极融入“一带一路”建设，大力引导和规范对外投资，企业在海外抵御风险的能力明显提升，对外合作积极性不断增强。2022年对外直接投资13.8亿美元，同比增长0.8%；货物出口5247.0亿元，同比增长5.2%。河南省企业在“走出去”中合理布局产业、培育壮大品牌，朝着国际性行业龙头企业迈进。“引进来”提质增效。

2022 年全省外商直接投资（不含银行、证券、保险领域）新设立企业 329 个；实际使用外资 17.8 亿美元，同比增长 118.2%。实际到位省外资金 11076.9 亿元，同比增长 4.0%；货物进口 3277.1 亿元，同比增长 3.2%。

但是长期以来，河南省外贸发展呈现郑州“一城独大”的格局，其他省辖市（示范区）外贸发展极度不均衡，制约了河南省整体外贸规模水平，且对外资企业依赖较重，外商投资企业是河南省外贸发展主体，国内企业参与不足。未来河南省在对外开放中要积极融入“一带一路”的倡议。用好国家级战略平台，深化陆海空网“四条丝绸之路”协同畅通的高水平开放渠道，大力发展对外商务、运输、旅游、教育、劳务输出等服务贸易，积极吸引外资；放宽市场准入，拓展开放领域。全面落实准入前国民待遇加负面清单管理制度（曹雷，翟玉美，2022）。

五、共享发展，促进乡村振兴

农业是我国国民经济发展的重要保障，河南省作为全国的粮仓，承担守护全国人民饭碗的责任，农业数字化转型也在不断部署，河南省人民政府网站公布的数据显示已建设了试验田、园艺等物联网示范基地，全省行政村益农信息社覆盖率已经达到了 85.8% 以上。

河南省作为我国重要的农业大省、人口大省，其中乡村人口居多。由于经济发展水平不均衡，大多数乡村的经济基础差，基础设施落后，教育医疗卫生资源缺乏、不完善，乡村劳动力人口转移，人才变迁导致乡村大部分人口素质偏低。为了促进河南省经济高质量发展，实现乡村振兴，要做好河南省乡村人才建设。培育乡村振兴重点领域人才，例如，农业生产经营人才、抓好家庭农场经营者、农民合作社带头人培育；加快培养农村第二、第三产业发展人才，例如，培育农村创业创新带头人、加强农村电商人才培育、培育乡村工匠、打造农民工劳务输出品牌；实行激励保障、流动配置、重点领域人才引进等，健全农村干部培养锻炼制度、健全乡村人才振兴机制、重点培养乡村人才，对于特别优秀的高校毕业委以重任，让大学生充分发挥自己的才能（崔晓慧，孙琳，2023）。有关部门要加大人才招募力度，积极宣传乡村振兴战略以及乡村人才的意义，扩大社会的影响，引导人才回归乡村，鼓励更多人才深入基层工作。

乡村的高质量发展离不开产业的进步和支持。因此，河南省要加强乡村产业发展融合，夯实农村产业基础，尤其要加强对特色产业的培育。同时，各地要利用自身独特的乡村风光及文化资源，大力发展乡村旅游业，并结合当地特色产业，开发集休闲、娱乐、住宿、餐饮等为一体的旅游项目，吸引国内外游客，带动乡村经济发展，增加农民收入。河南省有关部门要加大人才招募力度，积极宣传乡村振兴战略以及乡村人才的意义，扩大社会的影响，引导人才回归乡村，鼓励更多人才深入基层工作；同时要充分考虑引进各方面专业人才，涉及公共服务、产业发展、教育、医疗等方面（冉慧，2021）。

第三节　河南省经济高质量发展的比较分析

一、六省创新发展对比分析

科技创新是实现经济高质量发展的必然要求，是实现经济高质量发展的核心动力，各省为了实现经济高质量发展纷纷加大对科技创新的投入。2022 年，河南省、湖北省、安徽省、浙江省、广东省和江苏省在研究与实验发展经费上投入均超过千亿元。在六省当中，广东省投入 4411. 9 亿元，在六省当中最多；其他的依次是江苏省 3835. 4 亿元、浙江省 2416. 8 亿元、湖北省 1254. 7 亿元、安徽省 1152. 5 亿元、河南省 1143. 3 亿元。经对比可知，河南省在六省中科研投入最少，不足广东省的 1/3。

如图 7 –1 展示了江苏省、浙江省、安徽省、河南省、湖北省和广东省六省在 2022 年的有效产品专利数。由图 7 –1 可知，在六省中，广东省的有效产品专利数为 53. 92 万个，远远高于其余五省，位居全国第一；其余依次是浙江省 44.4 万个，江苏省 42.9 万个，安徽省 14.5 万个，湖北省 9.974 万个，河南省 6.1764 万个。广东省的有效产品专利数约为河南省的 8.7 倍，由此可知，河南省在创新方面与先进省份相差巨大，需要加强科技创新发展。

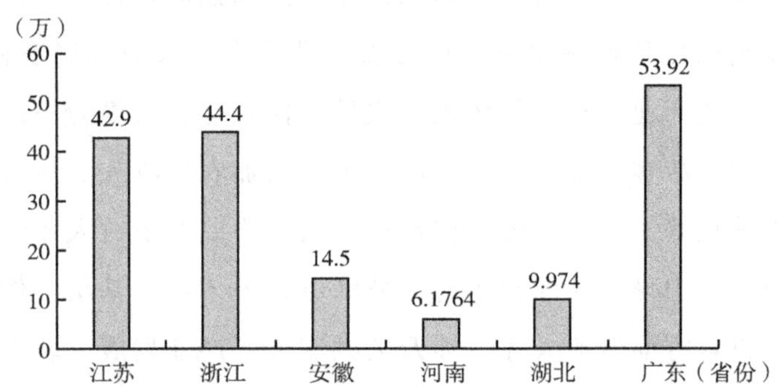

图 7-1　2022 年江苏省、浙江省、安徽省、河南省、湖北省和广东省有效产品专利数

河南省制订了“十四五”科技创新规划，重视科技创新的发展，把创新驱动、科教兴省、人才强省战略摆在“十大战略”首位，足以看出当今的河南省对科技创新的重视程度（孙越，2022）。通过上述河南省与其余五省在科技创新方面的数据对比分析可知，虽然河南省已经将科技创新作为重要的发展战略，科技创新已经成为全省上下都意识到的主流思想，但是河南省与江苏省、浙江省、安徽省、湖北省和广东省相比，在科技创新方面还有待提高，有很大的发展空间。

二、六省协调发展对比分析

协调发展是经济发展、公共服务、科技创新、社会生活以及生态环境之间相互促进、相互协调（管丽，2023）。

2022 年，广东省常住人口城镇化率为 74.79%，江苏省为 74.4%，浙江省为 73.4%，湖北省为 64.09%，安徽省 2022 年城镇化率为 60.2%，河南省为57.07%；在六省当中，河南省的常住人口城镇化率最低，广东省的最高。对比可知，河南省在协调发展方面落后于湖北省、安徽省、浙江省、广东省和江苏省，协调发展道路任重而道远。

河南省由于地理位置、交通条件等因素的影响，各区域之间经济基础和发展速度存在较大差异。一些交通枢纽城市，经济开放水平较高，发展成效显著，而西部和西南部的山区城市，由于交通不便，经济开放水平较低，发展速度较慢（管丽，2023）。乡村振兴与新型城镇化的协调措施应考虑到各地市差异化的发展体征，因地制宜，采取具有针对性的策略。乡村振兴滞后的地区应该坚持农业农村优先发展的策略，发挥农业科技的作用，发展农业现代化，大力发展乡村职业教育，以人才培育助力乡村振兴（李景初，2023）。

河南省始终坚持农业农村优先发展，把乡村振兴战略列入“十大战略”进行部署，一年来，产业、人才、文化、生态、组织“五大振兴”齐头并进，势头良好。截至2022年11月底，河南省脱贫人口、监测对象务工就业232.22万人，完成年度任务的113.04%；人均纯收入16139元、12108.6元，同比增长12.4%、17%；监测对象返贫致贫风险消除率42.3%；水毁扶贫项目在2022年5月底全部完工并投入使用。2022年，舞钢市、清丰县、兰考县、光山县和长垣市入选2022年国家乡村振兴示范县创建单位。入选的国家乡村振兴示范县将聚焦重点领域带动，着力在乡村发展、乡村建设、乡村治理等重点领域寻求突破，形成重点突破带动整体提升的格局，各有侧重地探索不同类型地区乡村振兴路径模式。

2022年全省发放城市低保金13.92亿元，年末共保障城市低保对象32.15万人；全年发放农村低保金75.33亿元，年末共保障农村低保对象274.18万人。全年发放农村特困人员救助供养金39.06亿元，年末共保障农村特困人员47.84万人。

三、六省绿色发展对比分析

绿色发展是构建高质量现代化经济体系的必然要求，是解决污染问题的根本之策。生态环境问题归根到底是发展方式问题和生活方式问题，我们要推动经济社会发展绿色化、低碳化，做好环境污染防治工作（李庆龄，2023）。

由图 7 - 2 可知，浙江省在六省中空气优良天数比例最高，为 94.2%，其余依次为广东省 91.3%、湖北省 82.9%、安徽省 81.8%、江苏省 79%、河南省 66.4%。空气优良天数能反映一个省份在一定程度上对环境和工业的治理。对比可知，浙江省和广东省在发展经济的同时注重环境的保护、注重可持续发展；河南省由之前的粗放型经济转变以来，有在注重环境的保护，但效果甚微，与其他省相比，绿色可持续发展仍处于落后状态。

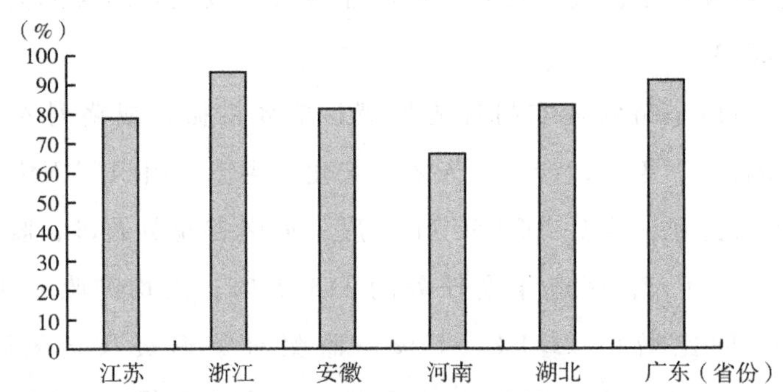

图 7 - 2　2022 年江苏省、浙江省、安徽省、河南省、湖北省和广东省空气优良天数比例

河南省立足自身发展情况，积极开展生态环境保护，深入践行习近平生态文明思想，提升生态环境质量，保护生物多样性，绿色低碳转型。全省单位生产总值能耗累计降低约 37.3%，以年均 1.3% 的能源消费增幅保障了年均 7% 左右的经济增长。2022 年全省国考河流监测断面中，地表水水质优良比例（达到或优于Ⅲ类）为 81.9%，劣Ⅴ类水体比例为零。

河南省从协同推进生态保护源头控制、能源领域减污降碳、工业领域减污降碳、交通领域减污降碳、其他领域减污降碳、绿色低碳循环发展、碳排放交易市场、碳排放管理体系、试点示范活动开展、执法督察考核建设 10 大方面，提出 28 项重点举措，推进我省绿色低碳转型发展（谭勇，

2023）。

四、六省开放发展对比分析

党的十八大以来，以习近平同志为核心的党中央准确把握和全面认识中国发展实际，对标国际投资贸易高标准，实施高水平对外开放，积极主动参与全球经济治理，不断拓展中国对外开放的广度、深度和高度，开创全面对外开放新格局（全毅，2023）。各省在党和国家政策的指引下，立足新发展理念，积极开展对外开放。

由图 7－3 可知，2022 年，广东省外商投资企业数 13365 户，在六省中居第一；江苏省外商投资企业数 3303 户，在六省中居第二；浙江省外商投资企业数 2910 户，在六省中居第三；湖北省外商投资企业数 683 户，在六省中居第四；安徽省外商投资企业数 475 户，六省中居第五；河南省外商投资企业数 329 户，六省中居第六。

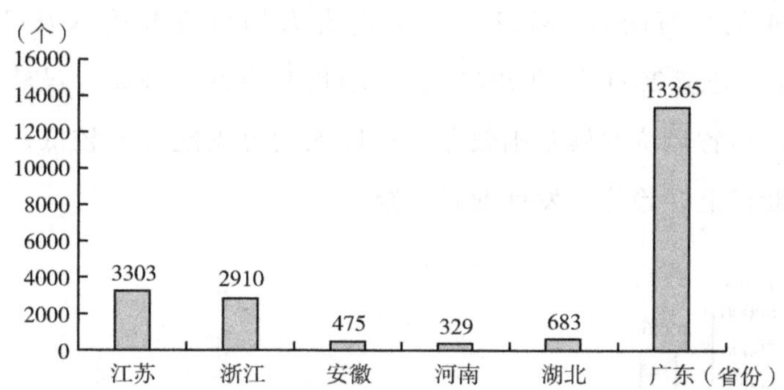

图 7－3　2022 年江苏省、浙江省、安徽省、河南省、湖北省、广东省外商投资企业数

对比分析六省，改革开放以来广东省依靠其独特的地理环境（位于亚太海上贸易的中心，面朝南海，靠近我国香港和我国澳门地区），已成为中国货物的窗口和国际货物、资金和技术的关口，吸引了大量的外商投资和外商投资企业的驻扎。江苏不仅是“一带一路”的交汇点，也是国内、国际双循环的交汇点（金尚军，2023），因此对于吸引外商投资和建设也比较方便。

河南省以优化营商环境和创新政府服务助力全省开放载体平台和通道建设，推动投资和贸易便利化成效显著。随着全省营商环境不断优化和贸易便利化水平的稳步提升，市场主体活力不断增强。但河南省高层次复合型开放人才不足、国际化高端智库建设滞后、外资“引进来”缺乏有效政策支撑等问题也十分突出（汪萌萌，2020）。因此在六省中，河南省对外招商投资居于第五的位置，河南省对外开放任重而道远，还有很大的发展空间。

五、六省共享发展对比分析

新时代中国特色社会主义的建设和发展，要坚持以人民为中心的发展思想，把人民群众作为享有发展成果的主体。

由图 7－4 可知，在六省当中，江苏省的人均可支配收入 69862 元最高，其余依次是广东省 47065 元、浙江省 38971 元、湖北省 32914 元、安徽省 32754 元、河南省 28222 元。河南省人均可支配收入从 2014 年的 15695.2 元上升至 2021 年的 28222 元，增长率约为 79.8%。虽然与其他省份相比，河南省经济发展基础较差，居民人均可支配收入较低，但是居民收入在不断呈上升趋势，发展前景广阔。

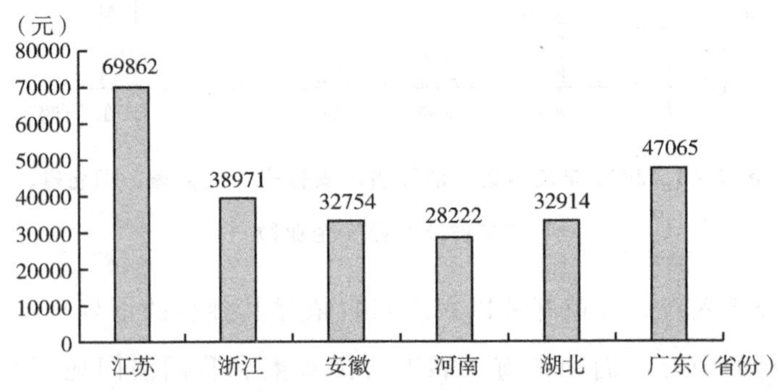

图 7－4　2022 年江苏省、浙江省、安徽省、河南省、湖北省、广东省居民人均可支配收入

河南省人均可支配收入、人均消费支出、人均教育经费、每万人拥有执业（助理）医师数四个指标权重、指标指数都趋同，四个指标指数稳步上升，是共享发展权重提升的基础，发展是解决我国一切问题的基础和关键，随着河南省经济规模不断扩大，人民生活水平不断提升，基本公共服务不断完善，人民共享发展成果才会更积极主动投入发展。

河南省在改善生态环境方面作出了许多努力，治理水污染、去高能耗高污染产能缓解大气污染、改善人居环境，都提升了人民的幸福感。2022年新增“绿水青山就是金山银山”实践创新基地1个，新增国家生态文明建设示范区5个、省级生态县11个，全省完成造林面积146.15千公顷。对河南省而言，共享发展指标的影响在很大程度上得益于经济的快速发展，要不断提升共享发展质量，需要将生态优势转化为发展动力，创新发展意识，不断提升经济发展质量，筑牢共享发展基础（刘溪，2022）。

第四节　结　　语

河南省在新发展理念指导下的经济高质量发展具有经济稳步增长、科技和人才的支撑作用逐步增强、产业结构优化、社会协调发展的特点。作为人口大省，河南省拥有丰富的人力资源优势；作为位于连接中国北方和南方、西部和东部的中部城市，河南省拥有卓越的地理位置。同时，河南省也是中国重要的农业大省，以粮食、棉花、油菜等农作物种植为主导，农业产值稳居全国前列。依靠自身优势，河南省的产业结构多元化，涵盖了农业、制造业、服务业等多个领域。

河南省经济在新发展理念的指导下稳中向好发展，但是与江苏、浙江、安徽、湖北和广东五省相比在经济发展上呈现出明显的劣势。在创新发展上动力不足，技术生产落后；在协调发展方面，现代服务业发展滞后，基础设施完善不全面，城镇化发展和乡村振兴不均匀；在绿色发展方面，河南省制造业多集中在产业链上游和价值链低端，属于高耗能生产，工业废水排放量、工业固体废弃物产生量均居全国前列；在开放发展方面，河南省位于内陆地区，对外招商引资困难，机会少，外贸发展不均衡；在共享发展方面，人均可支配收入、社会服务保障和高校教育资源远低于其他五省。

河南省要转变发展劣势，实现经济高质量发展，就要实施创新驱动发展战略，深化科技体制改革，加强科技创新能力，为经济的发展提供高新科学技术支持；全面推进乡村振兴，巩固脱贫攻坚成果，优化帮带服务，协调发展；坚定绿色发展理念，推动产业转型升级，发展清洁能源，推动技术改革，为绿色发展提供技术支撑；持续扩大对外开放，放宽市场准入，加大招商引资力度，积极参与对外开放；做好民生服务工作，健全社会保障制度，稳定就业，提升人民幸福感，缩小城乡差距，促进共享发展。在新发展理念的指导下，河南省一定可以实现经济高质量发展。

参考文献

[1] 河南省统计局　国家统计局河南调查总队 . 2022 年河南省国民经济和社会发展统计公报 [N]. 河南日报，2023 - 03 - 23 (006).

[2] 曹雷，翟玉美 . 基于新发展理念的河南经济发展质量测度研究 [J]. 统计理论与实践，2022 (8)：41 - 45.

[3] 崔晓会，孙琳 . 乡村振兴背景下河南省数字化乡村人才培养创新研究 [J]. 湖北开放职业学院学报，2023，36 (17)：3 - 5.

[4] 方世世，乔波，李南阳 . 先进标准引领制造业高质量发展的对策研究 [J]. 标准科学，2022 (5)：89 - 93.

[5] 关颖 . 践行新发展理念　推动河南经济高质量发展 [J]. 决策探索 (下)，2019 (6).

[6] 管丽 . 河南省协调发展测度与影响因素研究 [D]. 南昌：江西财经大学，2023.

[7] 河南省社会科学院课题组，王承哲 . 2023 年河南经济运行分析与走势预测研

究［J］. 区域经济评论，2023（5）：52－59.

［8］河南省社会科学院课题组，王承哲 .2023 年河南经济运行分析与走势预测研究［J］. 区域经济评论，2023（5）：52－59.

［9］黄梦 . 河南文旅文创产业发展现状及策略［J］. 西部旅游，2023（9）：18－20.

［10］金碚 . 关于"高质量发展"的经济学研究［J］. 中国工业经济，2018（4）：5－18.

［11］李斌 . 数字经济推动河南省经济高质量发展机制研究［J］. 焦作大学学报，2023，37（1）：61－65.

［12］李守辉 . 关于推动河南经济高质量发展的对策建议［J］. 决策探索（下），2019（2）：12－13.

［13］刘伟，陈彦斌 . 中国经济增长与高质量发展：2020—2035［J］. 经济学家，2021，16（1）.

［14］钱梦瑶，孙英隽 . 河南省产业结构评价及其与经济增长的关系［J］. 科技和产业，2021，21（8）：180－184.

［15］冉慧 . 河南省乡村振兴评价指标体系构建与分析［J］. 乡村科技，2021，12（30）：9－13.

［16］省人民政府发展研究中心课题组，谷建全，郭建军等 . 河南实现经济高质量发展的路径选择［N］. 河南日报，2018－10－22（009）.

［17］宋爱峰，梁慧慧，潘朗暄 ."双碳"战略驱动河南省制造业绿色低碳转型路径研究［J］. 中州大学学报，2023.

［18］宋彦峰 . 河南省巩固拓展脱贫攻坚成果的长效机制研究［J］. 河南农业，2022（30）：51－53.

［19］孙婷 . 河南省加强文旅文创融合发展路径探析［J］. 中共郑州市委党校学报，2022（3）：90－95.

［20］孙越 . 河南：打出科技创新和制度创新"组合拳"［N］. 科技日报，2022－08－30（002）.

［21］覃岩峰，刘颛闻 . 科技创新不断刷新"成绩单"［N］. 郑州日报，2023－08－28（001）.

［22］王晓慧 . 中国经济高质量发展研究［D］. 长春：吉林大学，2020.

[23] 王燕. 河南省科技创新与数字经济协同发展路径研究 [J]. 河南科技, 2023, 42 (4): 155 – 158.

[24] 吴英迪, 袁键, 彭展. 巩固脱贫攻坚成果 助力河南乡村振兴 [J]. 活力, 2022 (18): 82 – 84.

[25] 徐骥, 李顽强. 工业设计产业发展比较与对策: 基于广东省与江苏省的调研 [J]. 包装工程, 2023, 44 (14): 21 – 31 + 40 + 13.

[26] 姚方方. 河南省数字经济发展现状、挑战与对策分析 [J]. 新型工业化, 2023, 13 (10): 41 – 46.

[27] 于善甫. 河南发展追赶型经济实现高质量发展的路径研究 [J]. 中国集体经济, 2022 (31): 41 – 43.

[28] 郑亚丽. 高质量发展, 看浙江 "六个最" [N]. 浙江日报, 2023 – 05 – 23 (002).

[29] 朱春晓. 乡村振兴背景下人才振兴的发展困境与出路——以河南省为例 [J]. 农场经济管理, 2022 (8): 22 – 24.

第八章　国内外建设创新高地的主要实践及启示

在当今日益竞争激烈的环境中，科技创新是推动行业发展和提升竞争力的动力，更是国家工业能力的长期表现和国家竞争力现代化的重要表现，建设创新高地的重要性不言而喻。创新能力是国际竞争的核心能力，是实现国家战略目标和社会主义现代化的关键支撑，更是应对快速变化和日益复杂的挑战的必由之路。创新能力在各地经济转型高质量发展中显得尤为重要。创新能力强就是区域经济长期向好的表现之一。近些年来，不少国家和地区都不断地加大对创新能力建设的政策力度。在国家创新能力与新时代背景下我国经济发展不均衡和面临经济转型升级的现状密切相关。在此背景下，对不同地区的政策文件进行了分析，发现不同类型、规模、成长阶段的政策存在差异，于是分析政策并提出相关建议就显得十分重要。对于社会和经济发展处于转型升级关键时期的河南省，一方面，对这些国内外创新高地的实践和政策进行分析，深入探讨创新高地的积极影响显得较为必要。另一方面，如何吸引更多的优秀人才用以支撑经济高质量发展就显得尤为迫切。然而，国内外主要国家和地区创新高地建设的主要特征及其对河南省工作的启示还鲜有研究。为此，本章通过总结和分析国内主要经济区域建设创新高地的实践和经验，并分析他们的异同点，希望从中得到一些有益启示，为河南省创新高地的建设提供一些参考。

第一节　主要地区建设创新高地的实践

一、国外主要实践

创新转型升级是应对国内外复杂形势的必然选择。美国、日本、德国等发达国家在很多领域都处于世界前沿，其科技创新能力为经济发展提供了强劲的动力。本章主要分析美、日、德三国政策中的相同点和不同点，为河南省的创新高地建设提供相关的理论支持。

（一）美国

美国是全世界创新程度一流的国家，展现出了卓越的活力、高度的开放度以及杰出的创新水平。这种氛围为美国成为全球创新的发源地提供了“土壤”，也使其创新政策不断演进，通过对这些政策的分析，美国的创新政策呈现出以下三个特点。

一是注重关键领域研发。美国在2022年8月9日签署了《芯片与科学法案》。这个法案目的是使对美国芯片产业的补贴更为直接，预计在短期内就会涉及大量补助资金和税收抵扣的批准与授予。美国白宫在2023年5月发布了《人工智能研究和发展战略计划：2023更新版》，包括长期投资基础和可信AI研究、确保人工智能系统的安全性，以及为人工智能国际合作建立原则性、可协调的方法等。通过《创新与竞争》法案，美国计划在未来几年内向科研机构注资2500亿美元，其中1800亿美元专门用于支持“面向未来的研发和技术”；另有700亿美元用于相关领域的研究。2021年初，拜登政府发布了一项新的太空政策指令，旨在推动国家航空航天局（NASA）在月球表面实现持续动力，并在月球建设长期基地。

二是注重创新人才引进与培育。美国一直非常重视高端创新人才引进和对高端创新人才的培养，出台相关政策吸引集聚海内外优秀人才和创新创业团队。2021 年 3 月，美国人工智能国家安全委员会向国会递交报告称，美国在人工智能关键领域落后，联邦政府应重视该领域，优先为其提供资金和人员上的帮助。与此同时，拜登和日本首相菅义伟同意共同投资 45 亿美元，开发超越 5G 的下一代通信技术“6G”。2022 年 1 月，美国政府推出新政策以吸引专攻科学、技术、工程和数学专业（STEM）的国际学生。此外，美国政府还放宽了 STEM 专业人才拿美国绿卡的要求，同时新增 22 个 STEM 专业。

三是多个部门一体化合作。2021 年宣布成立国家人工智能计划办公室，用来统一与人工智能领域相关的各个部门。在计算机领域，美国国防高级研究计划局（DARPA）启动了“低温逻辑技术”计划，其核心目标是进一步提高计算性能，进一步提高美国超算技术的竞争力。

（二）日本

日本是全球经济活跃、创新程度一流的国家。得益于其强大的科技实力、先进的制造业、创新文化以及政府对研发的支持，使日本在全球科技和经济竞争中一直占据着重要的地位。日本的创新政策呈现出以下三个特点。

一是注重关键领域研发。日本在 2021 年 3 月 26 日发布了《第六期科学技术与创新基本计划》，作为指导 2021—2025 年科学技术与创新发展的纲领性规划。该计划的核心目标是“如何通过科技创新政策实现社会 5.0”，对此未来五年日本政府将投入 30 万亿日元（约合 1.72 万亿元人民币）支持创新。比第五期《科学技术基本计划》确定的政府研发投资目标额高出 4 万亿日元，增幅达 15.4%。

二是注重创新人才引进与培养。日本一直非常重视高端创新人才引进和对高端创新人才的培养，出台相关政策吸引集聚海内外优秀人才和创新创业团队。在《科学技术创新基本计划（2021—2025 年）》中，日本政府指出，实现社会 5.0 的必要因素有三个：一是通过网络空间和物理空间的融合，变革为可持续的强韧性社会；二是创造多样化的知识，设计新型社会，创造新价值；三是培养支撑新型社会所需的人才。日本希望最终实现“综合性知识引发的社会变革”与“知识和人才投资”的良性循环。

三是多个部门一体化合作。官产学间的密切合作关系。《实现数字社会改革基本方针》指出，数字厅作为日本实现数字社会的指挥平台，具有强大的综合协调机能。数字厅负责国家政府部门、地方团体、事业单位等公共部门的信息系统建设和管理工作，同时负责制定数字基本方针政策，从根本上提升行政服务质量。这种综合协调的机能使数字厅能够更好地整合各个部门的资源和力量，推动数字社会改革取得更为显著的成果。数字厅能够促进信息共享和协同工作，进一步提高政府的整体效能。这种全面性的协调机能有助于确保数字社会改革的全面性和可持续性，为日本建设先进、高效、智能的社会奠定了坚实的基础。

（三）德国

德国是欧洲最大的经济体，也是全球创新的领导者之一。得益于其强大的科研基础、高度发达的制造业和注重教育的文化传统，这使德国在国际创新竞争中占据着重要的地位。其创新政策具有以下三个特点：

一是注重关键领域研发。德国在 2020 年发布了《高科技战略 2030》，作为指导 2020—2030 年科学技术与创新发展的纲领性规划。计划通过科技创新解决社会挑战，提升社会福祉和可持续发展。为此，德国政府将重点支持 12 个领域的研发，包括气候变化、健康、人工智能、数字化、安全等。此外，德国还注重借鉴国际经验和参与国际合作，以提升自身的创新能力和竞争力。

二是注重创新人才引进与培养。德国在 2020 年 3 月 1 日实施了新的《专业人才移民法》。这是德国第一部较为全面的旨在吸引专业人才的移民法，德国不仅向高等学历人才开放就业市场，而且提升对科创人才的吸引力：德国联邦政府希望推进高校及非高校研究机构的现代化治理、完善人事及组织结构，改善学术领域各层级的工作条件；通过进一步优化移民法、加快移民程序来扩大移民机会，在国际竞争中吸引并留住人才。

三是多个部门一体化合作。德国一直强调政府、企业、学术和社会的协同创新，建立了多层次、多形式的合作机制。在《高科技战略2030》中，德国政府提出了“创新联盟”的概念，即由政府、企业、学术和社会各方参与的创新合作平台，旨在加强创新主体之间的沟通、协调和协作，形成创新生态系统。德国还推出了“未来项目”计划，支持跨部门、跨领域、跨学科的创新项目，鼓励创新主体共同探索未来的解决方案。

二、国内主要实践

（一）北京

培养竞争力、打造高水准科技。2023年9月5日，北京市印发的《北京市促进未来产业创新发展实施方案》深入贯彻实施创新驱动发展战略，抢抓新一轮科技和产业变革机遇，着力打好关键核心技术攻坚战，培育高精尖产业新动能，着力强化战略科技力量，建设全球人才高地，推动支持全面创新的基础制度建设，率先建成国际科技创新中心，促进未来产业创新发展，提出了针对高端制造、信息产业中的薄弱环节开展联合攻关。打造未来产业创新高地的总体要求。推动北京教育、科技、人才优势转化为产业优势，更好服务新时代首都高质量发展。

聚焦城市群，协调一体化发展。2021年11月3日北京市印发的《北京市“十四五”时期国际科技创新中心建设规划》以“三城一区”为主战场，用信息化的技术整合京津冀城市群的人才、资源等，推动城市之间的人才流动和信息共享。以中关村国家自主创新示范区为主阵地，不断地为创新人才提供优质的服务，推动京津冀国家技术创新中心、京津冀基础研究合作平台等建设，为建设国际一流的和谐宜居之都、实现高水平科技自立自强和科技强国建设提供强大支撑。

优化软实力，引育高质量人才。《北京市促进未来产业创新发展实施方案》中指出要利用数字化、人工智能等新技术新方式提升对创新人才服务质量，建设快速高效的数字化政府平台不断地优化政府的办事效率。建立公共服务平台，分享科研成果、人才公寓、政策导向等信息，最大限度实现科学数据共享。建立重大科技基础设施如国家实验室、新型研发机构、高新技术企业等。以高质量的服务能力去吸引高端创新人才，以强大的科研环境去培育高水准创新人才，达到建设创新高地的目标。

（二）上海

上海作为全球金融中心之一，经济实力强大，高度国际化。上海致力于构建科技创新中心，通过一系列政策和服务网络支持企业孵化和提升创新能力。在全球城市竞争中，上海的创新生态蓬勃发展，汇聚了大量高科技企业和研发机构。上海取得的国内经济和创新成就为中国的可持续发展和全球竞争力注入了强劲动力。其创新政策具有以下三个特点：

一是各部门一体化协作。上海将建立一个完善的企业成长生态系统，致力于构筑支持科技型企业创业孵化和提升创新能力的政策和服务网络。通过提供企业研发费用补贴、税收减免、人才引进等激励政策，以及支持企业研发、创新产品政府采购和首购订购等一系列措施，我们将协助企业在创新发展过程中获得支持，促使其不断壮大。这一政策旨在建立更为充满活力的创新生态系统。

二是注重关键领域研发。上海市人民政府颁发了《上海市建设全球影响力科技创新中心“十四五”规划》，强调在气候变化、健康、人工智能、数字化、安全等领域加强研发支持。该规划的核心目标是通过科技创新应对社会挑战，提升社会福祉，并推动可持续发展。随后，上海市政府还发布了《上海市战略性新兴产业和先导产业发展“十四五”规划》，旨在进一步推进该市战略性新兴产业和先导产业的发展。

三是全面创新改革。上海市坚持科技创新和制度创新双轮驱动，支持上海围绕政府创新管理、科技成果转移转化、开放合作等 6 个方面改革试验，在实验中各项任务顺利完成，在全国复制推广的 56 条改革经验举措中，上海市贡献了 12 条，位居全国前列。上海市的成功经验主要体现在深化科技体制改革、创新管理机制、优化科技资源配置等方面。在政府创新管理方面，建立了更加灵活高效的管理机制，推动了科技资源的更好流动和配置。在科技成果转移转化方面，上海积极探索市场化机制，促使科技成果更快地转化为生产力。在开放合作方面，上海倡导创新共享，加强国际合作，提升了本地创新水平。

（三）广东

广东是中国最富活力的省份之一。以制造业基地和外贸出口为特色，经济多元化发展。广东积极构建科技创新体系，深圳等城市成为全国创新典范，高校研究实力显著。创业生态系统蓬勃发展，支持初创企业成长。与邻近地区形成珠三角合作模式，促进区域经济合作。广东的开放政策吸引外资，推动国际合作。其创新政策具有以下三个特点：

一是各部门一体化协作，加快构建全过程创新生态链。2022 年广东省科技厅印发了《科技创新助力经济社会稳定发展的若干措施》。该文件从持续加大对企业政策扶持力度、推动科技金融紧密结合、相关部门企业紧密合作，积极发挥科技创新引领高质量发展的核心作用，建立包括发展改革、网信、能源等主管部门，相关地市政府在内的跨部门、跨地市协同工作机制，探索建立跨省沟通协调机制，努力构建“基础研究 + 技术攻关 + 成果转化 + 科技金融 + 人才支撑”全过程创新生态链。

二是注重关键领域研发，着力布局建设战略科技力量。2021 年广东省人民政府发布了《广东省科技创新“十四五”规划》，旨在通过重点支持一系列领域的研发，包括气候变化、健康、人工智能、数字化、安全等解决社会挑战，提升社会福祉。广东省科学技术厅和广东省工业和信息化厅在2022年发布了《广东省新一代人工智能创新发展行动计划（2022—2025年）》旨在推动人工智能技术的发展和应用，提高人工智能领域的科研应用。

三是重视人才引进和培养，强化企业创新主体地位。加快人才强省建设，加快打造大湾区高水平人才高地。2022年发布的《关于进一步加强高技能人才与专业技术人才职业发展贯通的实施意见》旨在进一步发展壮大技术技能人才队伍。不断地打通高技能人才发展通道，加强创新型、应用型、技能型人才的培养。强化企业创新主体地位，始终保持“四个90%”，广东省约90%的科研机构、90%的科研人员、90%的研发经费、90%的发明专利申请都来源于企业。

（四）江苏

江苏省在国内经济和创新领域取得显著成就。省内制定并实施了一系列科技创新政策，构建了科技创新体系。强大的制造业基地和外贸出口业务使其成为中国经济的重要支柱。江苏省注重创新考核，设立科技创新指标，引领高质量发展。全面深化改革，建立技术产权交易市场，解放科技人员创新力。这些努力推动了江苏省在国内经济和创新方面的稳健增长，为中国的可持续发展作出了积极贡献。其创新政策具有以下三个特点：

一是各部门一体化协作。2016年，江苏省制定并实施了科技创新的“40条政策”，在推动创新政策方面实现了各部门的协同合作，从而提升了政策的执行效率和效果，形成了江苏省独特的创新优势。江苏省通过各部门的一体化协作，成功地推动了科技创新政策的实施。各个政策之间的协同效应，为江苏省在科技创新领域的可持续发展奠定了坚实基础。这种一体化协助的成功实践为其他地区提供了可借鉴的经验。

二是注重创新考核指标。2019年，在省级高质量发展考核中设立了

2 个科技创新考核指标，2020 年增至 7 个，形成了以创新为引领的高质量发展导向。2021 年，江苏省出台了“十四五”科技创新规划，标志着在新的历史起点上开启了科技强省建设的新征程，为江苏创新发展开创了新局面。

三是全面创新改革。2017 年，启动了技术产权交易市场试运行，致力于完善技术转移服务体系，全面畅通科研与产业之间的沟通渠道。2018 年，江苏省颁布了《科技改革 30 条》政策，旨在最大限度释放科技人员的创新创造活力。这一系列改革举措有助于江苏省加强科技创新体系，推动江苏省在科技领域的发展。

（五）浙江

作为全国试点创新型省份，围绕构建“315”国家战略科技力量，出台了一系列创新举措，全力打造数字经济创新创业生态体系，建设具有全球影响力的科创高地、创新策源地和国际重要产业创新中心。

打造三大科创高地，形成科技创新策源地。围绕“互联网 +”科创高地，主攻云计算与未来网络、智能计算与人工智能等新一代信息技术产业；围绕生命健康科创高地，主攻结构生物学及关键生物技术、生物育种与现代农业等现代生物生命产业；围绕新材料科创高地，主攻新能源开发与利用、海洋与空天材料等战略性新兴产业。

实施六大行动，教育科技人才一体化布局。教育、科技、人才共同构成全面建设社会主义现代化国家的基础性、战略性支撑。浙江省一体推进教育强省、科技强省、人才强省建设，培育创新发展新动能。重点实施六大行动：重大科创平台提能造峰行动、关键核心技术攻坚突破行动、创新链产业链深度融合行动、战略人才力量集聚提质行动、全域创新能级跨越提升行动、开放创新生态深化打造行动。

十一个地市联动，不断提升全域创新能级。浙江省着力解决区域创新能力不平衡的问题，努力让区域与区域间形成“1 + 1 > 2”的协同效应，构建多层次、体系化、差异化的科创走廊体系。具体采取“一廊引领、多廊融通”的方法。以杭州城西科创大走廊为主平台建设综合性国家科学中心，推动宁波甬江科创大走廊和嘉兴 G60 科创走廊发展，打造各具特色的科创高地。

（六）安徽

2023 年，安徽区域创新能力居全国第 7 位，连续 12 年稳居全国第一方阵。近年来，安徽打造高能级创新平台，形成一批领跑的原创性成果，推动合肥国家实验室率先组建稳健运行，强化合肥综合性国家科学中心平台支撑体系，全力打造量子信息、聚变能源、深空探测三大科创引领高地。

创新引领——大平台、大装置、大院所集聚。对于科技创新而言，大平台、大装置、大院所的重要性不言而喻。安徽是屈指可数的国家实验室、综合性国家科学中心“双布局”省份；已建、在建、拟建大科学装置 12 个，数量居全国前列；拥有中国科学院合肥物质科学研究院、中国科学技术大学等知名高校院所。

产业进阶——科创与产业同频共振。企业是连接科创与产业的“纽带”。2023 年 10 月底，安徽共有高新技术企业超 1.5 万家，居全国第 8 位，国家级专精特新“小巨人”企业 477 户，居全国第 7 位。2022 年，安徽新能源汽车产量超 52.7 万辆，居全国第 7 位；生产了全球 20% 的液晶显示屏。

资金赋能——各路渠道打出“组合拳”。现阶段，安徽通过财政资金、信贷资金、产业基金和资本市场融资等各路资金积极赋能，为安徽“科技创新策源地”建设供应“粮草”。2022 年，安徽省财政方面的科技支出 508.4 亿元，居全国第 4 位。安徽着力构建省新兴产业引导基金体系，支持战略性新兴产业发展。

人才支撑——高端科研人才 + 高级技能人才交汇。安徽通过高端人才与高技能人才双轮驱动，为经济发展提供智力支撑。值得一提的是，2022年10月，中国科大科技商学院正式成立，旨在培养“懂科技、懂产业、懂资本、懂市场、懂管理”的复合型科技产业组织人才，推动创新链、产业链、资金链、人才链深度融合，助力安徽打造具有重要影响力的科技创新策源地和新兴产业聚集地。

第二节　主要地区创新高地建设的特点

从主要地区的人才政策分析看，大部分创新高地建设的政策都会涉及补贴标准、科研经费、帽子评选、一体化等方面。由于不同的地区存在经济和社会发展水平的差异，这些不同地区的政策也呈现出一些不同的特征。

一、主要地区创新高地建设的相同点

一是不同部门之间一体化趋势明显。从主要经济区创新高地政策分析来看，服务一体化趋势较为明显，在协同发展的框架下展开，促进了跨部门合作。各级政府部门在推动科技创新和产业升级方面形成了紧密合作的局面，为优化资源配置、提高政策执行效率搭建了坚实基础。这种一体化的趋势不仅表现在政策层面，同时在实际操作中也得到了有效贯彻。通过搭建联合研发平台、共享科研资源，不同部门间相互补充，共同应对科技创新和产业发展的挑战。这种协同合作的模式为形成更具创新力和竞争力的经济体系奠定了基础，展现出了全面一体化发展的活力。

二是同等重视人才的引进和培养。在创新高地的政策实践中，不仅注重各部门之间的协同，更强调人才的关键作用。政策鼓励企业与高校、研究机构密切合作，共同培育创新团队。同时，提供各类激励措施，包括税收优惠、科研经费支持等，以吸引国内外优秀科技人才加盟。这种人才引

进和培养的策略有效地推动了创新力量的集聚，为政策的实现提供了源源不断的智力支持。通过打造具有竞争力的人才队伍，经济区在科技创新和产业发展方面迈出了坚实的步伐。

三是政策评估日益受到重视。政策是否落实到位，实施效果如何，今后应该如何改进，这些问题都需要通过落实效果评估来解决。评估政策涉及政策是否有足够的吸引力、是否有可持续改进的空间。人才政策评价日益受到政府的重视。相关地区都积极开展评价，用一个可以量化的指标去衡量不同部门工作中的成效。如团队创新产出，来衡量不同部门工作的实际成效。在评估过程中，政府还倾听各方意见，以更全面地了解政策执行中的问题和挑战。这种精细化的政策评估机制有助于不断优化政策，确保其对创新和经济发展的推动作用更为显著。这种关注实际效果的态度为经济区提供了可持续改进的动力，使政策更具前瞻性和适应性。

二、主要地区创新高地建设的不同点

一是创新高地的理念略有不同。这种差异的首要原因在于各地区的历史文化和经济发展背景。在美国和我国上海这样的发达地区，强调引进高层次人才主要是为了快速填补科技短板，加速创新进程。这些地区通过提供优越的科研条件和有吸引力的待遇，吸引国际一流的科学家和研究机构入驻，从而快速汇聚全球创新资源。相反，在日本和我国江苏等地，更注重本土人才的培养。这一理念背后反映了对本土人才潜力的信心以及对长期可持续发展的追求。通过建设高水平的科研平台和培训机制，这些地区致力于培养出色的本土科研人才，以满足未来创新高地发展的需求。尽管理念存在一定的差异，但这并非排他性的选择。不同地区也在相互学习、借鉴对方成功的经验，逐渐形成更为综合和适应性强的创新生态系统。这种多元化的理念和实践对推动全球创新体系的繁荣和交流起到了积极的促进作用。

二是产业结构和重点领域的差异。在创新高地建设中，不同地区产业结构和重点领域选择的差异显著。一些地区，如我国广东、美国硅谷等，聚焦于先进制造业和高科技产业。包括电子、信息技术、人工智能等领域，通过技术创新和产业升级推动经济发展。这些地区通常注重引进全球领先的科技企业和研发机构，以建立国际领先的技术创新体系。另一些地区，例如，我国上海、日本的一些城市，则更专注于生物科技、绿色能源等领域。这些地区致力于解决环境和能源等全球性挑战，推动可持续发展。在吸引人才方面，这些地区强调环保、生态可持续等价值观，提供相应的政策支持，以培育在这些领域的创新团队。

三是招才引智的人才类型不同。不同地区的产业基础和特长不同，为吸引人才，各地区都会根据人才层次提供相应的政策支持，但支持维度上略有不同。北京主要对创新创业团队、科技创新人才、文化创意人才、金融管理人才等高端人才按照一次性奖励、落户奖励、创新创业资助的奖励标准进行奖励；深圳主要对杰出人才、国家级领军人才、地方级领军人才、海外人才，按照一次性奖励、创业担保贷款及财政贴息、创业补贴、创业场租补贴的奖励标准进行奖励；江苏主要对领军人才、重点人才和优秀人才，按照一次性奖励、住房补贴、购房补贴、创新创业资助的奖励标准进行奖励。各地区根据人才层次提供不同维度的政策支持。

这种多样化的创新策略和政策，为不同地区根据自身特点和发展需求，构建更具竞争力的创新高地提供了灵活的选择。上海重视吸引国际化人才，吸引海外一流高校来沪开展合作办学，创建实验室；广东重视人才培养载体建设，推进高水平院校和特色优势学科建设，重视引进顶尖国际化人才的同时，以达到创新高地建设的目的。

第三节 主要地区创新高地建设对河南省的启示

通过对主要地区创新高地建设的具体实践和政策的分析，我们得到了一些有益启示。

一、积极树立创新高地一体化理念

在主要地区创新高地建设中，积极树立创新高地一体化理念是至关重要的。河南省可以借鉴这一经验，通过整合各方资源，形成协同合作的创新网络。这需要建立起政府、产业界、学术界和社会各方的密切合作关系，共同推动创新要素的流动和交流。

一体化理念也涉及区域内各个领域的协同发展。在建设创新高地的过程中，河南省可以通过搭建跨领域的平台，促使不同领域的专业人才和企业之间进行深度合作。这有助于推动各个领域的创新成果相互交叉，形成更为综合的创新生态系统。充分发挥郑洛新国家自主创新示范区的人才改革试验田的作用，在“都市圈”中的许昌、焦作等地创建人才改革试验区，探索新型创新高地的体制机制，在成熟的基础上进一步推行至省内其他城市。积极树立创新高地一体化理念、强化科技创新支撑、培育创新人才以及加强产业协同创新，河南省可以在创新高地建设中实现全面、协同、可持续的发展，为经济转型升级和可持续发展打下坚实的基础。

二、强化教育科技人才一体化的支撑

主要地区创新高地的成功经验表明，科技创新是推动高地建设的关键因素。河南省可以通过加大对科技创新的支持力度，提高科研经费投入，培育更多高水平的研究团队。同时，建立更加灵活和便捷的科研资金管理机制，激发科研人员的创新激情，加速科技成果转化为生产力。通过促进科技成果转化和产业升级，河南省可以更充分地释放科技创新的经济潜能，提升产业竞争力，加速经济结构的优化和升级，为打造具有国际竞争力的创新高地奠定坚实基础。此外，河南省还可以借鉴其他地区建设科技创新园区的经验，打造一批集聚高端科技企业和研发机构的创新基地。通过引进国内外优秀科技资源，加强产学研用结合，提升河南省在特定领域的科技创新竞争力。

三、积极以产业需求为导向引进人才

明确扶持人才的具体目标，深入调查河南省紧缺和创新型人才的分布情况，以实现精准引进。大力吸引紧缺和创新型人才，特别是那些具备国际视野和经验的高层次人才。积极引进适应河南省重点产业和新兴产业需求的紧缺人才，以促进产业的升级和发展。运用有针对性的措施，使引进的人才更好地融入当地的经济发展体系，推动河南省产业结构的升级和优化。

“因才而用，因需而用，引进所需。”人才引进应明确强调需求导向，注重经济发展方式的转变和产业结构的优化升级。着眼于这一目标，需要根据当地的社会发展规划，聚焦本地经济发展主导产业的需求，实施有针对性的引才计划。同时，必须加强人才链和产业链的衔接，以实现人才与产业之间的良性互动。

四、加强创新高地政策实施效果评估

明确评估指标，包括但不限于创新成果产出、人才引进和培养效果、科技投入与产出比例、产业结构升级情况等。这些指标应当反映创新高地建设在推动经济增长、提升产业竞争力和改善人才结构方面的实际效果。由独立的第三方机构负责评估工作、建立评估体系，确保评估结果的客观性和公正性。评估应该及时、全面地收集相关数据，获取各方面的反馈。将评估结果纳入政策调整的参考依据。如果评估发现某项政策效果不佳或存在问题，应及时进行调整和改进，以更好地适应河南省的实际情况和发展需求。

为确保创新高地建设的可持续性和有效性，河南省应当建立健全政策实施效果评估机制。这一机制需要涵盖各个阶段的政策执行情况，以及创新高地建设对经济、社会和环境方面的影响。通过持续加强政策实施效果评估，河南省可以更好地了解创新高地建设的实际情况，及时调整政策，确保创新高地建设能够真正成为推动经济发展的强大“引擎”。这一过程也有助于增强政府与各利益相关方之间的沟通与合作，形成共建共享的创新生态。

五、不断优化创新高地软硬环境建设

为了进一步提升创新高地的竞争力和吸引力，河南省需要不断优化创新高地的软硬环境。这包括软环境的政策法规、人才培养体系，以及硬环境的基础设施、科研设施等方面的建设。

在软环境方面，河南省可以进一步简化人才引进政策，提供更加便捷的落户、住房和子女入学等服务。建立健全的人才评价机制，激励人才在创新领域取得更多的突破和贡献。同时，加强与高校和研究机构的合作，共同推动科研成果的转化和产业化。在硬环境方面，河南省需要确保创新高地拥有先进的交通、能源、信息等基础设施，支持建设创新园区，提供灵活的办公和研发场地，吸引更多的创新型企业入驻，提高科研和产业发展的效率。

共同打造创新生态系统。鼓励企业增加研发投入，推动产业链上下游的协同创新，形成更加完善的产业体系。政府可通过税收、财政支持等政策，引导企业更多参与创新活动。通过不断优化软硬环境，河南省可以吸引更多的优秀人才和企业参与创新高地建设，为地区经济的可持续发展奠定坚实基础。这也将有助于推动河南省由传统产业向高科技、高附加值产业的转型，实现经济的跨越式发展。

参考文献

[1] 怀进鹏. 为加快建设世界重要人才中心和创新高地贡献力量 [J]. 科学中国人, 2022 (4): 27-29.

［2］桂苑洁，张向前．面向2035年沪澳共建世界重要人才中心和创新高地的人才激励评价机制研究［J］．中国管理信息化，2023，26（11）：144－150.

［3］徐德英，韩伯棠．政策供需匹配模型构建及实证研究——以北京市创新创业政策为例［J］．科学学研究，2015，33（12）：1787－1796＋1893.

［4］赵桎笛，王长林．国内主要地区招才引智实践及对河南的启示［J］．领导科学，2021（18）：103－106.

［5］Gonen E. Tim Brown，Change by Design：How Design Thinking Transforms Organizations and Inspires Innovation［J］．University of Rhode Island，2019（2）.

第九章　国内外建设人才中心的主要实践及启示

人才是社会发展的动力“马达”，是国际竞争力的核心体现，是实现国家战略目标和社会主义现代化的关键支撑，人才是第一资源。人才资源是今后社会发展的方向指南。区域、国际的竞争本质就是对人才的争夺。不单要重视培养人才，更要留住人才，用好人才。所以，推进河南省人才中心建设工作的实施需要以产业需求为导向，优化人才发展软硬环境，建设人才可度量制度，做好吸引、培养、任用是现在人才工作的重中之重。建设人才中心势在必行！然而，国内外主要国家和地区人才中心建设的主要特征及其对河南省工作的启示还鲜有研究。为此，本章通过总结和分析国内主要经济区域建设人才中心的实践和经验，并分析他们的异同点，希望从中得到一些有益启示，为河南省人才中心的建设提供一些参考。

第一节　主要人才中心建设的实践

一、国外主要实践

人才是第一要素，人才中心的建设是应对国内外复杂形势的必然选择。美国、日本、德国等发达国家在很多领域都处于世界前沿，其科技创新能力为经济发展提供了强劲的动力，而人才是推动科技创新的强大“引擎”。本章主要分析美、日、德三国关于人才中心建设政策中的相同点和不同点，为河南省的人才中心建设提供相关的理论支持。

（一）美国

美国拥有世界上一流的教育体系、科研体系，包括众多享誉盛名的大学和研究机构。美国还以其开放的移民政策而闻名，移民的多元化和包容性使美国拥有了一个多样性的人才群体，这有助于不同领域的创新和发展。在美国，人才能够自由流动，横跨不同领域，促使知识和经验的交叉汇聚，形成更为强大的综合能力。通过对这些政策的分析，美国的人才政策呈现出以下三个特点：

一是引进高等人才和培养人才并重。自 1990 年实施 H－IB 签证计划和“绿卡制”以来，美国在人才引进和培养方面采取了双管齐下的策略，大力引进并吸引高等人才，尤其是优秀的留学生。这一政策使大批留学生毕业后选择在美国定居，并成功跻身美国国家人才库。为了为各领域人才创造良好的发展环境，美国相关部门通过提供高工资和优厚的福利待遇，吸引国际高层次人才前来贡献才华。同时，美国致力于提供高水平的实验室和平台，以激发他们在科技创新领域的潜力。《2022 年美国竞争法案》把 22 个专业列为 STEM 专业领域，使更多留学生可以享受 STEM 专业领域的优惠政策，从而扩大了人才的引进范围。纽约市致力于通过“NYCTalentDraft”计划旨在吸引全国各大高校的学生，以填补科技人才的需求；“AppliedSciencesNYC”计划通过建立园区和学校，致力于培养本土的科技人才。

二是富有竞争力的人才激励与保障机制。美国建立了一系列具有竞争力的人才激励与保障机制，以更好地激发和保持科研人才的活力。其中，科研人才的激励主要通过设立一系列科学奖项来实现。这些奖项不仅是对个体成就的认可，也是为了推动整个科研领域的进步。在这些科学奖项中，包括了“总统青年探索者奖”“工程创造奖”“沃特曼奖”等。为科研人才提供了良好的激励机制。通过这些奖项的设立，科研人才有机会获得广泛认可，进而激发他们在科学研究中的积极性和创造力。此外，纽约州政府与私营公司合作，如 IBM，共同创建了一种新型高科技实用型人才培养模式。该模式从高中到大专为学生提供高科技、制造、医疗保健和金融专业的教育和培训，使学生能够在招聘时能被优先选择。这一新型学校，即职业技术学院高中预备学校（P－TECH），采用创新的学制，并通过政府教育部门与大公司的合作方式，致力于培养实用型人才，特别是在科学、技术、工程和数学等领域。在吸引了更多国际人才加入的同时，也为科技创新和学术发展提供了不竭的动力。

三是不断优化创新创业软环境。人才培养和引进方面的成功不仅来自美国国家层面的政策支持，还在于各个州政府通过优化人才创新创业软环境，积极投入科技研发项目，以吸引和留住人才。加利福尼亚州政府成立了“加利福尼亚科学与创新综合研究院”，充分发挥本州在科研方面的天然优势，去吸引生物技术、纳米技术等领域的人才，提供一个跨学科、跨领域的合作平台。这种联合机构的成立不仅加强了学术界和产业界之间的联系，还为科研人才提供了更多合作的机会，推动了创新和技术进步。通过这种优化软环境的举措，美国各州政府不仅创造了有利于人才创新和创业的氛围，也为人才提供了更多的发展机会。这种地方性的支持措施在全国范围内形成了一个相互促进的格局，共同推动了美国作为全球人才聚集地的地位。

（二）日本

日本是全球经济活跃、创新程度一流的国家。日本在国际舞台上凭借卓越的教育体系和高水平的人才培养成就备受瞩目。通过国际化的学术环境促进全球人才交流，也在全球范围内塑造了自身独特的人才优势。日本的人才政策呈现出以下三个特点：

一是加大国际高等人才的引进力度。日本的老龄化和少子化现象越发严重，劳动力更加不足，以至于出现了每个求职者对应 2.4 个职位需求的倒挂现象。在这种背景下，日本政府为了吸引更多的海外人才。于 2023 年

2月17日讨论通过了《特别高度人才制度》的决议。这个制度与现有的高度人才制度相比，将大大缩短获得永住资格的时间，从而快速获得“日本绿卡”。

二是建设可度量的人才评价体系。2012年5月，日本正式导入了“高度人才积分制度”，希望通过相对客观的积分制筛选出政府认可的、符合标准的外国人高度人才，给予签证和出入国等方面的优待政策。通过积分制来加快外国人获得日本永住签证福利，当申请人总积分达到70分时，只需在日本居住满3年即可申请永住，如果积分达到80分时，申请人只需在日本居住满1年即可获得永住资格，相比传统获得日本永住的时间，可以说是一条捷径。

三是精细化人才需求目标。2023年，日本出入境管理局宣布于4月21日启动“特别高度人才制度”，此制度是针对拥有硕士学位及以上的高薪外国人才，或是高收入企业主设立。“新特别高度人才制度”的推出，是为了吸引更多优秀的海外人才来日本定居，缓解目前日本严峻的少子化和老龄化问题。新特别高度人才制度将会大大缩短拿永住资格的时间，快速拿到“日本绿卡”。另外，福利待遇方面会进一步扩大，享受到其他在留资格所没有的优惠待遇。

（三）德国

德国不仅在经济上屹立不倒，更在全球科技创新领域傲视群雄，近年一直被视为创新领导型国家。这一成就得益于德国在吸引国际顶尖科学家、高层次科研管理人才，以及培养青年科研后备力量方面采取的一系列卓有成效的政策和措施。德国的人才政策呈现出以下三个特点：

一是重视国际高质量技能人才。从20世纪90年代末开始，德国通过绿卡计划、新《移民法》等多项措施，采取更为积极的移民政策，扩大移民数量，广招天下贤才。2000年6月，时任总理施罗德正式推出为期3年的IT“绿卡”政策，目标是从国际上引进专业高级人才。2005年1月1

日，德国新《移民法》正式生效。新《移民法》为了给拥有丰富能力的科学家、身处突出位置的教研人员，以及处于关键岗位的工作人员的外国人“落户许可”，2012 年 8 月 1 日，德国正式实施“关于高素质人才引进条例”，即所谓的“蓝卡”法案。通过这种“蓝卡”，欧盟以外的高技术人才可以更快地获得居留许可并在德国工作。2019 年 6 月，德国联邦议院和联邦参议院先后审议通过《专业人才移民法》，新的移民法草案取消了对申请人行业和教育背景的严格限制，有行业经验或职业教育背景的人可以更便捷地永久居住德国。

二是富有竞争力的人才激励与保障机制。德国政府十分重视建立研发机构和科研奖项来招聘海外优秀人才。海量的研究所、基金会、奖学金项目吸引着国内外高级人才。德国学术交流中心（DAAD）于 2001 年初推出的为期 3 年的合作交流资助计划，为国际优秀人员在德工作、学习、生活提供支持。在德国各高等院校都可以报批和国际教育科研机构多边合作项目，以便得到一笔 20—60 万马克的资助款。德国联邦政府于 2008 年启动“洪堡教席奖”计划，为吸引世界顶尖人才来德国高校工作。2007 年底，德国设立了“国际研究基金奖”表彰在德国工作的杰出科学家。洪堡研究奖学金每年资助数百名高级研究人员到德国从事长期的研究工作。

三是重视对国内人才培养体系的构建。2017 年，德国政府新的《教育和研究国际化战略》发布，该战略旨在充分利用全球知识社会的潜力以及数字化带来的机遇，通过面向全球吸引高端人才及科技合作来巩固德国的研究和创新强国地位。通过设立“教席”项目，吸引优秀的外国青年学者。该项目旨在增强德国高校对国内外青年学者的吸引力，德国劳工局有专门帮助高校毕业生就业的机构，并且特别关注优秀的外籍毕业生，为他们提供悉心的服务，鼓励他们在德国就业。德国教育部门成立“促进教育与研究联合行动组织”致力于增强德国科教机构对全球人才的吸引力。

二、国内主要实践

人才是第一资源，创新是第一动力。报告深入贯彻科教兴国、人才强国、创新驱动发展等战略，开创新的领域和道路，不断塑造新的发展动力和优势。中国同样拥有一批在不同地域比较成功的城市群，他们为我国人才中心的建设提供了宝贵的经验，同时，涌现出一批显著成就的杰出人才。这些人才推动了地方产业升级和创新发展，也为地方经济社会发展提供了重要支撑。本章主要分析长三角、珠三角、京津冀区域政策中的相同点和不同点，为河南省的人才中心建设提供相关的理论支持。

（一）长三角地区人才中心建设的实践

长三角地区在人才方面的主要成就体现在高层次人才的集聚、科技创新的引领、产业结构的升级、人才政策的创新以及人才流动与交流的促进等方面。这些成就为长三角地区的经济发展提供了不竭动力。长三角地区出台了多项政策，通过对这些政策的分析，该地区人才政策有以下三个特点：

一是长三角人才一体化。长三角一体化通过打破学科、行业和地域的界限，这些联盟为长三角地区构建了一个更加开放、融合的合作平台，促进了知识的传播与创新的蓬勃发展。“长三角高校联盟”是由复旦大学、上海交通大学、同济大学、华东师范大学等八所985工程名校组成的合作机构。这一联盟在高等教育领域取得了显著成就，率先推动了跨校区的深度合作和协同发展。首创性地实施了“交换生”和“暑期班”计划，为学生提供了更广阔的学术交流和实践机会。在长三角地区的科创金融、数字出版、文化投资与修复等行业，相应地成立了“长三角联盟”系列。“长三角科创金融联盟”旨在集结各方优质资源和人才，打造业内最强大的企业服务平台，以推动金融科技领域的创新和发展。另外，“长三角文化产业投资联盟”专注于促进文化产业内资源的共享和人才的培养，通过跨界合作推动文化产业的可持续繁荣。这些联盟的建立不仅有助于学术研究和创新成果的共享，也推动了不同领域企业的合作与发展。

二是引进国际化高端人才与培育产业人才并重。作为我国经济最为繁荣的地区之一，该地区一方面持续引进具有国际视野和领先科技经验的高端人才，同时也注重培养适应本土产业需求的人才。以浙江省为例，2018年提出“万人计划”聚焦在“互联网＋”、生命健康和新材料等科创高地领域，通过挖掘和支持有创新和创业潜力的青年人才，旨在引入更多具备国际水平科技能力的高端人才。通过“双创计划”等政策，着重支持能够在关键技术领域取得突破、推动高新产业发展、引领新兴学科的人才和团队。通过2020年颁布的《江苏省政策引导类计划（引进外国人才专项）资金管理办法（试行）》，明确鼓励用人单位引入先进技术，通过技术和产业吸引更多国际上有影响力的人才。这一政策的实施为引入更多创新思维和国际领先技术注入了新的动力。总体而言，长三角地区通过采取引进国际化高端人才和培育本土产业人才的双管齐下策略，积极推动了科技创新和产业升级，为地区经济的可持续发展创造了有利条件。

三是注重人才软硬环境的共同构造。长三角地区在人才引进和培养中不仅关注硬性条件，如政策支持和资金投入，也同样注重软性环境的打造，包括优越的生活品质、丰富的文化氛围以及创新活力激发。在硬性支持方面，各地纷纷出台政策引导类计划，以更有力度的引进和培育措施吸引人才。浙江省的“万人计划”就是其中的典型例证，通过明确的政策导向和丰富的项目扶持，鼓励和引导高端人才在关键领域开展创新创业。江苏省则通过《江苏省政策引导类计划（引进外国人才专项）资金管理办法（试行）》，创造了更加灵活和有吸引力的引才政策，为国际化人才提供了更多发展机会。同时长三角地区注重打造宜居宜业的软环境，提供多元化的文化和生活选择，使人才在这里更好地融入并发挥潜力。城市的文化设施、绿色空间、社会交往等软性因素成为吸引和留住人才的重要因子。长三角地区在构建人才软硬环境上持续发力，通过硬性支持和软性环境共同发展，使得这一地区成为吸引、培育和留住人才的理想之地。通过双管齐下策略，积极推动了科技创新和产业升级，为地区经济的可持续发展创造了有利条件。

（二）珠三角地区人才中心建设的实践

珠三角地区是我国开放程度最高、经济最活跃的地区之一。珠三角在人才引进、培养和留用方面采取了多方面的措施，为地区经济的繁荣和可持续发展注入了强大的人才动力。这些人才方面的策略的成功实施，为珠三角在全国范围内建设创新型高技术产业基地打下了坚实的基础。通过对这些政策的分析，珠三角地区人才政策呈现出以下三个特点：

一是区域内城市人才一体化进程加快。随着经济社会的协调发展及一体化进程的加快，珠三角区域共同体的形象日益清晰，人才一体化趋势明显。如区域内不同城市间在人才资源开发上力求实现共通、共用、共享，推动珠三角区域形成城市人才群。如 2005 年 2 月，珠三角地区的 8 市签署了《珠三角人才资源开发一体化合作协议》，重点推动区域内不同城市对人才的信息共享、证书互认、服务合作等。2015 年 3 月，珠三角 9 市共建“人才创新圈”，其目标是形成以广州和深圳为龙头、以珠三角其他各市为骨干、连通海内外、辐射粤东西北的创新型人才集聚圈。

二是珠三角注重产业与人才的深度融合。地方政府鼓励企业加大对人才的培养投入，与高校、科研机构密切合作，共同推动产业创新。这种密切的产学研用结合，使人才能够更好地在实际工作中发挥自身优势，推动产业升级。2010 年深圳市推出了“孔雀计划”去竞争国际人才。深圳市制定了类似激励政策以奖励高层次专业人才，广州、珠海、佛山等地市也相继出台了类似的吸引人才的政策。与此同时，作为制造业大省的广东省特别重视职业技术人才的培养。2018 年，深圳市颁布了《深圳市技能菁英遴选及资助管理办法》，用以选拔职业技能人才；而在 2019 年和 2020 年，广东省分别颁布了职业技能提升行动三年规划和职业技能人才认定标准的文件，以进一步促进职业技术人才的培训和认定。

三是各地人才政策持续发力并亮点纷呈。随着珠三角地区城市协同发展的深入，各地方纷纷加大力度推进人才引进与培养工作，不断探索出一系列亮点政策。珠三角区域内地、市都非常重视人才引进，而且积极探索人才政策创新。如广州放宽人才入户门槛，针对海外专业人才制订了“岭南精英”计划，各城市间加强了人才资源的整合与共享。通过签署《珠三角人才资源开发一体化合作协议》等，广东省通过《深圳市技能菁英遴选及资助管理办法》、职业技能提升行动三年规划等文件，进一步促进了职业技术人才的成长与认定；珠海重视引进与培养博士后人才；中山建立首席技师制度重视高技能人才队伍建设；东莞建设“十百千万百万”人才工程；肇庆因地制宜引进医疗人才。珠三角各城市在人才政策方面的持续发力，通过加强合作、深化产业融合和制定差异化政策，共同推动了整个区域人才的储备、流动和创新发展。

（三）京津冀地区人才中心建设的实践

京津冀地区，也称为“华北之心”，是中国经济最为发达和人口密集的地区之一，京津冀地区在政治、科技、经济、文化等多个方面都取得了显著的历史成就，形成了独特的人才优势。通过对本地区出台的人才政策，呈现出以下三个特点：

一是构建京津冀人才一体化协同发展格局。在政策方面，政府制定并发布了《京津冀人才一体化发展规划（2017—2030年）》等一系列政策文件，旨在支持京津冀协同发展战略，为构建人才合作发展的新“引擎”奠定了基础。这一规划的实施目标在于促进京津冀三地人才资源的协同流动，为区域内各城市的共同繁荣和经济发展提供更为有力的支持。具体而言，京津冀地区通过签署《外籍人才流动资质互认手续合作协议》等国际化合作协议，为引入外籍高层次人才创造了更加便利的环境。这不仅使本地区人才资源更具国际化竞争力，也有力推动了京津冀地区人才政策的创新与精准化。

二是重视高端国际化人才的聚集。京津冀地区，以北京为核心，紧邻的天津和河北汇聚了高端、国际化的人才资源。京津冀地区高度重视高端国际化人才的聚集。通过明确的政策导向，地方政府鼓励高端国际化人才在该地区的聚集与发展。京津冀三地在满足当地产业对人才的需求方面展现出紧密合作。这一举措旨在激发了地区科技、经济、文化等领域的创新与活力，使京津冀地区更好地融入国际人才竞争的大环境。高端国际化人才的聚集不仅对地区产业结构升级产生了积极作用，也为京津冀的全球影响力奠定了坚实基础。共同发布的高端人才引进计划和方案成为推动区域内人才聚集的关键举措。这些计划旨在积极引进高端化、专业化、创业创新的人才以及国际化人才。为了更有效地实施这些计划，相关地区还定期召开高层次人才招聘会，为引入优秀人才提供了有力平台。这一系列措施在促进京津冀地区的产业发展和科技创新方面发挥着积极的推动作用。同时也为人才发展提供了更为广阔的平台与机遇。

三是注重人才政策的创新与落地。为更好地吸引和留住高端国际化人才，京津冀地区在人才政策方面进行了创新。地方政府明确鼓励高端国际化人才在该地区发展，并通过更加灵活的政策措施为其提供支持。这包括在税收、社会保障、子女教育等方面提供更为优惠的政策，以提高高端国际化人才在京津冀地区的生活幸福感。在人才服务上加大了力度，推动建立更加完善的服务平台，提供更为精准的服务。京津冀地区还加强了与高校、科研机构的合作，建立产学研用一体化的人才培养和引进机制。通过共建研究中心、设立创新基地等方式，促进科研成果的转化，天津与河北地区人才发展不如北京地区，应加大对这两个地区人才的培训力度。《天津市职业技能提升行动实施方案（2019—2021 年）》建立并推行终身职业技能培训制度，这种深度的产学研用结合，有助于高端国际化人才更好地发挥其在创新和科技领域的优势，推动京津冀地区的产业升级和科技创新。

第二节　主要人才中心招才引智的特点

从主要地区的人才政策分析看，大部分招才引智的优惠政策都会涉及工资待遇、落户条件、补贴标准、科研经费、帽子评选等方面。由于不同地区经济和社会发展水平存在差异，因此人才政策也呈现出一些不同的特征。

一、主要人才中心招才引智的相同点

一是区域人才工作的一体化趋势明显。各地纷纷契合自身的一体化理念，积极在协同发展的框架下采取行动，关键在于建立具备高度流动性的人才资源市场，以推动各地区的共同繁荣和经济发展。在这个大趋势中，珠三角、长三角、京津冀等主要经济区都在实施协同化和一体化的发展策略。不仅注重本地人才的培养和引进，更强调与其他地区的协同合作，构建一个开放、包容、高效的人才流动体系。构建更加便捷的人才流动机制，实现人才的全方位共享。通过深度合作、互通有无，加强人才培训和引进，促进长三角区域内的优势互补。这些主要经济区在制定人才政策时均以一体化为核心理念。通过协同发展，打造高度流动的人才市场，这些地区更好地融合了各自的优势资源，共同推动了经济的发展和创新的推进。这种趋势的深化不仅是对人才政策的创新，更是对经济可持续发展的积极响应。从主要经济区的人才政策分析来看，人才一体化趋势较为明显，各地区都秉承自己一体化的理念，在协同发展的框架下展开，核心在于形成能够充分流动的人才资源市场，促进各地区的经济发展。

二是引进人才政策日趋精准化。政府出台的相关人才政策日益向精准化方向发展，以更好地适应各地区的实际需求和产业结构。针对不同经济区域和行业特点，政府在人才引进方面更为灵活巧妙，注重因地制宜，实施更具针对性的引才政策。例如，在高科技创新领域，政府倾向于制定更加激励的政策，包括提供创业资金、设立科研基地等，以吸引更多高水平的科技人才。在制造业等传统领域，政府可能采取更加稳健的引才政策，如提供税收优惠、人才住房等实实在在的福利，以促使更多专业人才落户。这种精准化的政策制定有助于提高人才引进的效率，确保引入的人才更好地服务于当地经济的发展需求。

三是引进人才评估日益受到重视。为了更准确地衡量人才的贡献和价值，各地纷纷加强对人才的评价机制，以推动人才培养和引进工作的更为科学化。政府逐渐注重综合素质和实际业绩，建立全面、多层次的人才评价标准。这些标准不仅关注学术成果，还着眼于创新能力、团队协作等方面，全面展现人才的综合素养。同时，鼓励企业和科研机构建立灵活的评价机制，为人才提供更多发展空间和机会。这种日益完善的人才评价机制有助于选拔和培养更符合时代需求的人才，推动社会资源向高端人才集聚。

二、主要人才中心招才引智的不同点

一是招才引智的理念略有不同。各地在引才和育才的理念上存在着独特的特色。具体而言，长三角和珠三角地区正在积极推动区域内的人才工作一体化协调发展，注重吸引国际化和高端人才。京津冀侧重于培养青年科技人才和高层次科技人才，旨在全力推动国家科技创新中心建设。长三角注重吸引国际化人才，通过吸引海外一流高校来沪开展合作办学、鼓励跨国公司在沪设立地区总部或研发中心，以及争取有影响力的国际组织在沪设立分支机构，来推动城市的国际化进程。不同地区在人才政策的设计和实施上展现出差异化的特色，这是基于各地自身的发展需求和定位。通过形成独具特色的引才和育才机制，各地在促进经济发展、推动科技创新等方面都将迎来更有针对性的支持。这种差异化的人才政策在为各地区提供战略性发展支持的同时，也进一步丰富了整个国家的人才发展格局。

二是招才引智的人才类型不同。不同地区的产业基础和特长不同，为吸引人才，各地区都会根据人才层次提供相应的政策支持，但支持维度上略有不同。京津冀主要对创新创业团队、科技创新人才、文化创意人才、金融管理人才等高端人才按照一次性奖励、落户奖励、创新创业资助的奖励标准进行奖励；长三角主要对杰出人才、国家级领军人才、地方级领军人才、海外人才，按照一次性奖励、创业担保贷款及财政贴息、创业补贴、创业场租补贴的奖励标准进行奖励；江苏主要对领军人才、重点人才和优秀人才，按照一次性奖励、住房补贴、购房补贴、创新创业资助的奖励标准进行奖励。各地区根据人才层次提供不同维度的政策支持。为不同地区根据自身特点和发展需求，构建更具竞争力的创新高地提供了灵活的选择。珠三角重视海外一流高校来沪开展合作办学，创建实验室或研发中心。长三角重视人才培养载体建设，推进高水平院校和特色优势学科建设；在重视引进顶尖国际化人才的同时，积极培养和引进支撑深圳保持领先发展优势的青年后备人才，以达到创新高地建设的目的。

第三节　主要人才中心招才引智对河南省的启示

通过对主要地区招才引智具体实践和政策分析，我们得到了六点主要启示。

一、积极树立人才工作一体化的理念

河南省可借鉴国内外地区和国家的经验，加快构建郑洛新或郑州都市人才圈，实现人才自由流动。例如，充分发挥郑洛新国家自主创新示范区人才发展中心的定位，或者在“都市圈”中的许昌、焦作等地创建人才改革试验区，探索人才引进、使用和评价的体制机制，逐步推广至省内其他城市，推动全省人才发展水平的整体提升。2017 年，河南省发布了《关于深化人才发展体制机制改革加快人才强省建设的实施意见》，致力于建立健全全链条的人才培养机制。

二、聚焦急需紧缺高端人才的引育留用

高质量紧缺人才是必争之处。我们支持创建卓越的创新团队，强调激

发和引导人才的活力，持续推进“天府峨眉计划”和“天府青城计划”，特别关注在国防科技领域设立人才专项，并加大对博士后独立培养的力度。在支持事业编制科研人员方面，鼓励他们参与各类创新平台的建设。我们还将技术经纪人在科技成果转移和转化方面的业绩纳入职称（职务）评聘和岗位聘用的考量标准之一，在企业中应该允许科研人员以技术股的形式持有股权。

三、按精细化的产业和企业需求引进人才

因才使用，因需使用，引为所用。为更好地满足产业发展需求，河南省应当积极以产业需求为导向引进人才。通过深入了解各产业的发展趋势和需求特点，制订有针对性的人才引进计划。可以通过设立产业专家咨询组，加强与企业、科研机构的合作，定期评估产业发展所需的专业人才类型，有针对性地引进和培养相关人才。此外，建议建立产学研用一体化的人才培养和引进机制，促使高校、科研机构与产业企业形成紧密合作，确保培养出更符合产业需求的专业人才。同时，建议在人才引进政策中加入激励措施，对于在产业中发挥重要作用的人才给予更加优厚的薪酬和福利待遇，以提高其留任和发展的积极性。这样的举措有助于更好地整合产业和人才资源，使河南省经济高质量发展，同时推动产业结构升级。

四、努力构建可度量的指标评价体系

需要真正落实到实地的政策，监督是必不可少的。为确保人才引进政策的有效性和实施效果，河南省应建设可度量的政策评估体系。建议建立全面的数据采集和监测机制，追踪人才引进的各项指标，包括引进人才的数量、质量、涉及产业领域、创新成果等方面的情况。定期对人才引进政策进行定量和定性的评估，以全面了解政策的实施状况和存在的问题。在政策评估中，建议采用多维度的评价指标，包括人才引进对产业结构升级的贡献、科技创新水平的提升、企业竞争力的增强等方面的影响。同时，

可以开展问卷调查、座谈会等形式，听取各方面的意见和建议，以便更全面地了解人才引进政策的社会反馈。建议根据评估结果及时调整和优化人才引进政策，使其更加适应产业发展和人才需求的变化。

五、加快构建人才中心评价指标体系

评价机制是一种导向，构建科学而系统的人才评价指标具有至关重要的意义，它指引着发展方向。首先，完善人才多维评价体系是必要的。参考硅谷创新指数体系，将人口多样性融入人才评价指标，以建立专业技术人才、技能型人才和科研学术人才等不同类型的人才多样性共同体，为各类人才提供更为开放的发展通道。其次，将创新产出纳入人才评价指标体系，着重考虑创新质量、创新影响力以及创新社会效益，摒弃仅以论文或官位评定为依据的标准，而是关注创新产出对社会的贡献程度，以及这些创新产出是否与区域发展定位相协调。这样的评价机制旨在使人才创新高地成为人才、技术和资本的集聚之地。

六、大力优化以“服”为核心的人才生态

要不留余力地为人才提供良好的环境，让人才能来之、能安之。在硬件方面，建议加大对人才公寓、学术科研基地等基础设施建设的投入，提升人才的居住和工作条件。鼓励企事业单位在人才培养和科研方面提供更多的实践平台和实验设备，以提高人才在实际工作中的创新能力。在软件方面，应加强与高校、研究机构的深度合作，推动产学研用结合，为人才提供更多的交流和合作机会。建议建立健全人才评价激励体系，激发人才的工作热情和创造力。鼓励企业加强与高校合作，提供实习、培训等机会，培养更符合市场需求的专业人才。

参考文献

[1] 蔡洁，区域战略与人力资源协同开发研究——以我国中部地区为例 [J]. 技

术经济与管理研究，2020（6），127－130.

［2］陈劲，朱子钦．加快推进国家战略科技力量建设［J］．创新科技，2021，21（1）：1－8.

［3］孙锐，孙雨洁．青年科技人才引进政策评价体系构建及政策内容评估［J］．中国科技论坛，2020（11）：125－133＋151.

［4］傅端香，张宇．基于知识图谱的人力资源管理研究可视化分析［J］．创新新技，2020，20（12）：76－86.

［5］赵柽笛，王长林．国内主要地区招才引智实践及对河南的启示［J］．领导科学，2021（18）：103－106.

第十章　河南省经济高质量发展的理论基础与演变过程

经济高质量发展是我们党把握发展规律从实践认识到再实践再认识的重大理论创新，其理论与时俱进。从以 Smith、Ricardo 等经济学家为代表的古典经济增长理论发展到包括以 Solow 为代表的新古典经济增长理论和以 Romer、Lucas 为代表的内生增长理论的现代经济增长理论，经过几十年的长足发展，理论内涵和解释能力不断增强，为推动经济高质量发展提供重要指导思想。

第一节　我国经济理论演化历程

一、古典经济增长理论

亚当·斯密指出，提高劳动效率和增加劳动数量可以推动经济的增长，而在这两种推动途径中提高劳动效率对经济增长的促进作用更加明显。在其著作《国富论》中提出了劳动分工和市场自由的理论，强调这些因素对经济增长的推动作用。大卫·李嘉图在《政治经济学与赋税原理》中提出了经济增长的一个重要的概念：报酬递减规律。他对增长理论的贡献主要有两点：一是指出经济增长最终将趋于停止，即达到所谓的“停滞状态”；二是将收入分配与经济增长联系在一起，说明了国民收入分配在经济增长中的重要作用（王胜男，2008）。一方面，当一国人口不断增长，则对土地需求也不断增加，但在边际递减规律的作用下，土地投入越多，产出增速则会越低；另一方面，在边际产出递减规律下，土地价格越来越高，这就提高了企业生产成本，降低了企业利润，进而导致企业减少投资，社会资本积累也随之放缓。另外，土地要素价值的上升，会提升土地所有者的地租所得，但是土地所有者只是进行非生产性消费而不进行生产性投资，这就必然导致资本积累停滞。约翰·斯图尔特·密尔在其著作中对土地的私有制进行了探讨。他支持土地私有制，并主张通过市场机制来分配土地资源，同时也强调土地所有权的社会责任。密尔的思想为土地所有权和资源配置提供了新的视角，对后世土地产权理论和资源管理政策产生了重要影响。19 世纪以前，对大卫·李嘉图和马尔萨斯等古典经济学家来说，土地是除劳动以外的最重要的生产要素，因为在他们的年代，土地是比资本更为重要的财富。然而，随着工业革命在欧洲兴起，资本在经济中的作用越来越重要，经济学家开始随之调整认识。

二、新古典经济增长理论

新古典增长理论产生于 20 世纪 50 年代中期，索洛是新古典增长理论的标志性工作。首先是哈罗德和多马建立的 Harrod - Domar 模型，其催生了以索洛为代表的新古典增长理论的兴起（严成樑，2020）。在 Harrod - Domar 模型中，界定了全社会只生产一种产品的假设，存在投资和消费两种活动，劳动和资本是仅有的两种投入要素，且生产任何产品所需要的劳动和资本按照固定数量增长，即规模报酬不变。不存在使得有保证的经济增长率与自然增长率相等的机制，因而经济是不稳定的。基于 Harrod - Domar 模型存在的经济不稳定问题，索洛修正了 Harrod - Domar 模型中生产函数要求资本和劳动满足固定比例的条件，假设新古典生产函数，即生产过程中资本和劳动可以相互替代。在索洛模型中，通过资本产出比的调整使得有保证的经济增长率与自然增长率相等，从而经济依靠内生的动力可以收敛到稳态均衡。索罗指出，在经济社会扩大再生产的循环流程中，决定一年国民收入的增长源泉可分为三种：劳动投入增加、资本投入增加以及技术进步引起的这两种生产要素的生产效率的提高。索洛模型认为，通过市场机制的调节作用国家可以自动调整生产中资本和劳动的投入组合比例，使经济实现充分就业和稳步增长，经济的长期增长率由人口增长率和技术进步率决定。索洛等认为，在没有外力推动时，经济体系无法实现持续的增长。只有当经济中存在技术进步或人口增长等外生因素时，经济才能实现持续增长。这一理论的缺陷是明显的：一方面，它将技术进步看作经济增长的决定因素；另一方面，它又假定技术进步是外生变量而将它排除在考虑之外，这就使该理论排除了影响经济增长的最重要因素。

三、现代经济增长理论

现代经济增长理论应是在20世纪40年代左右兴起，针对现代经济增长现象，采用现代工具方法来试图阐释经济增长的规律及其影响因素的理论。现代经济增长理论主要包括新古典增长理论和内生增长理论。根据经济增长源泉的区分，内生增长理论又主要包括资本驱动的内生增长理论和创新驱动的内生增长理论。新古典增长理论通过外生技术进步和劳动增长来解释经济增长，也被称为外生增长理论。现代经济增长理论基本遵循从技术外生到技术内生、从注重经济总量到经济总量与结构并重的逻辑主线（刘伟，范欣，2019）。其认为经济增长与劳动力、资本、人力资本、供给侧结构性改革（技术创新、制度创新）、环境保护和可持续发展密切相关的理论，为推动高质量经济发展提供了理论指导和实践路径。20世纪80年代，经济学家从不同角度分析了技术进步与经济系统之间的关系，经济增长理论到了新的发展阶段。新增长理论源于对新古典增长模型中外生技术与经济增长关系的分析，认识到了内生技术的重要性，并将技术进步与资本、劳动力相结合进行分析（高杰，陆凤存，2006）。该理论把经济增长归因于规模收益递增和内生技术进步，解决了新古典增长理论假定规模报酬不变以及增长率外生的缺陷。阿罗认为，全经济范围内存在技术溢出，将技术进步当作由经济系统决定的内生变量，提出了第一个内生增长模型。罗默的知识积累增长模型把知识作为一个独立的新要素引入生产函数中，认为知识积累是经济增长的主要源泉，提高经济增长率，即努力增加研究与开发部门的资源投入以提高知识积累率。新经济增长理论将技术进步和人力资本等要素引入经济增长模式中，提出了要素收益递增假定，对新古典增长理论进行了全面的修正和发展。它强调经济增长是经济内部力量作用的产物，重视对技术进步、“边做边学”、知识积累、人力资本、政府支出等新问题的研究。

四、新质生产力

着眼于新一轮科技革命和产业变革、大国竞争加剧，以及我国经济发展方式转型形成的历史性交汇对生产力发展水平提出的新要求，习近平总书记指出，“积极培育新能源、新材料、先进制造、电子信息等战略性新兴产业，积极培育未来产业，加快形成新质生产力，增强发展新动能”。新质生产力是以科技创新为主导、实现关键性颠覆性技术突破而产生的生产力（周文，许凌云，2023）。经济发展离不开可续技术的创新，从全球范围来看，一个国家是否能够塑造未来发展新优势，赢得战略主动权，就在于能否率先在关键性颠覆性技术方面取得突破，形成新质生产力。高质量发展强调科技创新、绿色发展和人的全面发展，是经济增长理论的传承、发展和创新。第一，高质量发展是注重科技创新的发展，要求以科技进步引领更高质量的发展。经济高质量发展是由以资源消耗、劳动力投入以及资本投入驱动的“粗放式”增长转为以提质增效、结构升级和创新驱动的“集约式”增长，将科技创新视为实现高质量发展的内在动力。第二，高质量发展是绿色的发展，要求以先进生产力打通高质量发展的关键环节，站在人与自然和谐共生的高度谋划发展全局。党的二十大报告指出：“推动经济社会发展绿色化、低碳化是实现高质量发展的关键环节。”经济社会发展绿色化、低碳化要求加快推动产业结构、能源结构和交通运输结构的调整优化，对当前的生产力水平提出了新的要求。依托绿色产业的发展来实现产业结构的调整优化，降低传统高能耗能源的使用，加大对新的自然资源的开发利用来实现能源结构的优化。第三，高质量发展是人的全面发展，要求满足人民物质丰富和精神充盈的美好生活需要，建设高素质劳动大军。高质量发展的目标是推动人的全面发展，注重人力资本的培养。随着新质生产力取代传统生产力，关键性颠覆性技术创新包含的新知识、新方法和新理念逐渐被劳动者所掌握，劳动者的知识储备、文化素质、劳动技能进一步提高。

第二节　教育科技人才一体化与经济增长理论

一、教育与经济增长理论

早在 2000 多年前，人类的思想先驱就形成了有关教育促进经济增长的经济思想，而真正把教育当成经济增长的内生变量的现代学者是索罗，他提出了技术进步因素对经济增长的重要性，实际上间接地指出教育对经济增长的贡献。之后，舒尔茨认为，个人收入的增长和个人收入差别缩小的根本原因是人们受教育水平普遍提高是人力资本投资的结果。并开创了教育对经济增长贡献的具体计算方法，定义了教育投资和人力资本等经济活动，设计了对教育投资价值的计算方法，并估算了 1929—1957 年美国教育投资的成本和收益率。他把资本分解为物质资本和人力资本两部分，通过计算一定时期内因教育水平的提高而增加的教育资本存量和教育资本收益率来测量教育的经济效益。20 世纪 70 年代以后，信息经济学的发展推动人们将新的思想方法引入教育对经济增长研究。斯彭斯（Spencer，1973）提出的“教育甄别假说”。认为教育年限或者教育投资与受教育者工资间的正相关关系是雇主根据求职者的教育水准进行安排的结果，而非因为人力资本理论所宣称的劳动生产率提高。在信息不对称的条件下，雇主把求职者的教育水准作为识别求职者个人能力的工具，并根据教育水准来安排求职者的工作。这种甄别促进了社会人力资源的合理配置，提高了生产率。20 世纪 90 年代之后，在经济持续快速增长下，人口、环境和制度等问题开始出现。人口对教育的制约和影响作用主要体现在以下 3 个方面：人口数量影响教育规模、结构与质量，人口结构影响教育结构，人口质量影响教育质量。

二、R&D 与经济增长理论

技术创新与经济增长相辅相成、互相促进，技术创新作为经济增长的动力源泉，对于推动把我国建设成创新型国家的战略目标具有重大意义。20 世纪 50 年代，以 R. Solow（1956）和 T. Swan（1956）为主要代表的经济学家将经济增长理论引领到新古典（外生经济增长理论）时代，证明了技术进步是经济增长的“引擎”。20 世纪 80 年代，出现了致力于技术进步内生化研究的内生经济增长理论，而 R&D 内生经济增长理论则主要从创新的角度来解释经济增长的原因。R&D 内生增长理论把技术进步分别视为中间投入品数量的增加和中间投入品质量的增加，构造不完全竞争一般均衡模型，将技术进步内生化，认为技术进步决定中间产品种类的增加，而中间产品种类投入的多寡直接影响经济增长，即创新导致生产率的增长。R&D 内生增长理论同意索洛的新古典理论的资本报酬递减，资本积累不能使经济增长在长期内得以维持，只有技术进步才是保持经济长期增长的源泉的结论。而新古典经济增长理论学派认为，各国的资本积累差异而非技术水平差异导致了各国经济增长的差异。原因可能是他们的技术水平差别并不符合资本积累递减规律。对于专利是否在较大程度上反映技术创新的成果，一些学者表示认同。Schmookler 是使用专利测量创新活动的开拓者，他用单位产出专利数来研究发展与创新的关系。但也有一些学者认为，专利并不完全反映 R&D 活动和创新活动的成果，专利不能完全“捕捉”到创新的所有成果，不能测算到创新的经济价值。总之，R&D 内生增长理论比较成功地解释了 R&D 和技术创新在长期经济增长中的作用，对于推动我国经济增长具有重大意义。

三、人才（人力资本）与经济增长理论

当今，我国经济正在从要素驱动向创新驱动转型，人才是支撑中国经济发展的要素。早期，舒尔茨应用效率收益法测算了人力资本投资中最重要的教育投资，显示美国 1927—1957 年人力资本投资在经济中的贡献率为 33%，证明了人力资本对经济增长的巨大影响。古典经济学家通过劳动价值学说确立了人的劳动在财富创造中的决定性地位。斯密、李嘉图等阐述过有关人力资本的思想观点，马尔萨斯得出了技术进步和财富的积累将促进经济增长的结论。新经济增长理论提出以人力资本为核心的经济增长模型，并且使其内生化，同时克服了经济均衡增长取决于外生变量—劳动力增长率的缺陷。20 世纪 90 年代后，对人力资本和经济增长的研究更集中于人力资本是否影响经济增长、教育对经济增长的影响、人力资本与经济增长之间的作用方向等问题。理论上认为，人力资本的积累对经济增长有重要的促进作用，但实证研究表明：在微观层面上大量证据表明教育能够使收入显著增强，而在宏观层面上 Klenow（2000）、Mankiw（1992）等学者用招生率等相关数据研究发现人力资本对经济增长（GDP）有明显的正效应。但 Judson（2000）研究发现统计数据证明人力资本与经济增长之间的关系复杂。Bits（2000）在验证学校教育和经济增长之间的关系时，推导出人力资本积累与经济增长之间可能存在双向的因果关系。Glewwe（2004）发现受教育的需求与家庭收入和财富的增加存在正相关关系，推导出人力资本积累和经济增长之间的双向关系。综上所述，人力资本的积累有利于经济增长是比较一致的观点。

四、新质生产力与经济增长理论

从世界经济发展的历程来看，科技创新推动着经济的发展、社会生产

力的深刻变化和人类社会的巨大进步。在当今数字经济时代，新一轮科技革命和产业变革与我国加快转变经济发展方式形成历史性交汇，面向前沿领域及早布局，提前谋划变革性技术，夯实未来发展的技术基础，形成并发展新质生产力。传统生产力推动经济增长的要素主要是劳动资料、劳动对象和劳动者，而新质生产力驱动的产业发展降低了自然资源和能源投入，使经济增长摆脱了要素驱动的数量型扩张模式。其作为当前先进生产力的具体表现形式，推动着未来产业的诞生和成长，也有赖于未来产业的培育，并在主导产业和支柱产业持续迭代优化升级的过程中不断更新和壮大。从人工智能、工业互联网到大数据，纵观近年来全球经济增长的新产业“引擎”，无一不是由新技术带来的新产业，进而形成的新生产力。新质生产力的形成和发展依靠科技创新，而创新驱动发展是我国实现高质量发展的前提和保障，以创新驱动发展为主要特征的高质量发展是推进中国式现代化的必由之路。近年来，通过顺应数字化、网络化、智能化、绿色化发展趋势，我国正在从互联网时代的“后来者”努力成为新一轮信息革命的“引领者”。而新质生产力的提出，进一步为我们以科技创新推动产业创新、以产业升级构筑竞争优势指明了方向。只有加大源头性技术储备，积极培育未来产业，才能加快形成新质生产力，加速科技成果向现实生产力转化，为中国经济高质量发展提供更多新竞争力和持久动力。

第三节 我国经济政策演进历程

新中国成立以来，在中国共产党的坚强领导下，全国各族人民团结一心，紧紧抓住经济建设这个中心任务，对我国经济建设发展作出了艰辛的探索和不懈努力，同时也取得了举世瞩目的辉煌成就。在这个历史进程中，我国经济政策的演进大致可分为三个阶段。

一、1949—1977 年

新中国成立初期，稳定政权、恢复国民经济和建立社会主义国家成为新生政权的首要任务。1949 年 9 月 29 日，中国人民政治协商会议通过的《共同纲领》提出，中华人民共和国经济建设的根本方针，是以公私兼顾、劳资两利、城乡互助、内外交流的政策，达到发展生产、繁荣经济的目的。接着统一财政货币政策，成立中央人民政府政务院财政经济委员会，为在全国范围内推行统一的财政和货币政策奠定了基础。到 1950 年 10 月，全国实现了财政、物资、现金的平衡，遏制了通货膨胀，稳定了物价，建立了人民币的信誉。实施以重工业为重点的“一五”计划，完成了国家经济的社会主义改造，确立了计划经济体制，建立起了高度集中的计划经济体制，满足了工业化高速推进的需要，国家干预国民经济运行的方方面面，市场的作用开始被削弱。从计划经济体制开始实行，占据了改革开放前 29 年的绝大部分，因此，计划经济体制对我国改革开放前后经济发展具有重大意义（朱佳木，2023）。1953 年开始，农村开始进行农业合作化。到 1955 年，工业化合作化运动出现。1953 年底以前着重发展以加工订货为主的国家资本主义形式，从 1954 年起，开始转入重点发展公私合营的国家资本主义形式。到 1956 年，除了部分少数民族地区外，全国的资本主义工商业基本实现了公私合营改造。在经济体制的社会主义改造中，公有制成分取代私有成分，为了满足重工业的快速发展，农业与工商业的社会主义改造被人为加速，社会主义改造的迅速完成在短期内建立了社会主义国家的经济基础。1956 年 9 月召开的党的八大提出了“既反保守又反冒进即在综合平衡中稳步前进”的经济建设方针。这一时期，不少学者也在理论探索与实践经验总结的基础上提出了系统的综合平衡理论，如马寅初提出“团团转”的综合平衡理论、陈云提出以“四大平衡”为中心的综合平衡理论等。毛泽东在《论十大关系》中全面阐述了社会主义建设中的十对关系，包括重工业和轻工业、农业的关系，沿海工业和内地工业的关系，经济建设和国防建设的关系，国家、生产单位和生产者个人的关系，中央和地方的关系等。“二五”计划围绕“调整、巩固、充实、提高”的八字方针展开的经济调整直到1963年才基本完成。“四五”计划调整了以战备为中心的战略，开始强调经济效益，注意沿海和“三线”地区并重，大规模的“三线”建设进入收尾阶段。主要任务是：集中力量建设大三线强大的战略后方；加速农业机械化的进程；狠抓钢铁、军工、基础工业和交通运输的建设；大力发展新技术，赶超世界先进水平。到1975年，“四五”计划得到了基本完成。

二、1978—2012年

总体上看，这一阶段可以进一步细分为几个阶段（见表10－1）：全面拨乱反正和改革开放的启动阶段（1978—1981年）；改革开放的全面展开阶段（1982—1991年）；建立社会主义市场经济体制阶段（1992—2002年）；建设全面小康社会阶段（2002—2012年）（章百家，2018）。

表10－1　　社会主义市场经济体制发展的“顶层设计”

党中央全会	时间	决定（决议）名称	内容亮点	历史作用	定位
十一届三中全会	1981年6月	《关于建国以来党的若干历史问题的决议》	社会主义经济建设应该发挥好市场调节的辅助作用	首次提出要发挥市场调节在生产关系具体形式改革中的作用	为经济体制改革确立了根本的思想统一前提
十二届三中全会	1984年10月	《中共中央关于经济体制改革的决定》	社会主义经济是社会主义性质有计划的商品经济的充分发展	首次把商品经济的充分发展（市场经济）纳入社会主义市场经济体制范畴	指导经济体制改革的纲领性文件，擘画改革蓝图

续表

党中央全会	时间	决定（决议）名称	内容亮点	历史作用	定位
十四届三中全会	1993 年 11 月	《中共中央关于建立社会主义市场经济体制若干问题的决定》	建立社会主义市场经济体制，使市场在国家宏观调控下对资源配置起基础性作用	首次明确了社会主义市场经济体制的基本框架，是社会主义市场经济体制建设的正式开端	建立社会主义市场经济体制的纲领性文件，90年代改革行动纲领
十六届三中全会	2003 年 10 月	《中共中央关于完善社会主义市场经济体制若干问题的决定》	建成完善的社会主义市场经济体制和更具活力、更加开放的经济体系	首次系统提出完善社会主义市场经济体制的目标要求和原则，为全面建成小康社会提供了经济体制保障	完善社会主义市场经济体制的纲领性文件，21世纪 10 年代改革行动纲领
十八届三中全会	2013 年 11 月	《中共中央关于全面深化改革若干重大问题的决定》	深化经济体制改革的核心问题是如何使市场在资源配置中起决定性作用和更好发挥政府作用	首次提出要发挥市场在资源配置中的决定性作用，显示了计划经济体制改革取得了根本性胜利	进入攻坚期和深水区的改革战略部署，新时代改革行动纲领
十九届三中全会	2019 年 10 月	《中共中央关于坚持和完善中国特色社会主义制度、推进国家治理体系和治理能力现代化若干重大问题的决定》	充分发挥社会主义市场经济体制这个制度优势和治理效能	首次把社会主义市场经济体制上升为基本经济制度层面和制度优势高度，拉开了构建高水平社会主义市场经济体制的序幕	是中国式现代化新阶段经济体制改革的总遵循和框架指南

资料来源：历届党中央历次全会公报（安敏，2023）。

1978 年，党的十一届三中全会决定把党和国家工作中心转移到经济建设上来，实行改革开放，推动我国经济社会发生巨大变革，掀开了社会主义现代化建设新篇章。一是对内改革。对内改革从农村开始，实施农村土地承包到户政策，城市企业经营承包政策。在邓小平主导下，农村包产到户政策得到广泛欢迎，农民的生产积极性得以提升，农业发展态势较好，缓解了农民的温饱问题，增加了农民现金收入，有力地带动了工业发展。随后，包产到户政策在全国范围内实行，并发布连续几年的中央“一号文件”更是巩固和发展了这个政策。我国经济学界在马克思主义指导下，大胆地解放思想、开拓创新，全面反思计划经济体制，研究和总结东欧各国在经济体制转型过程中的经验教训，使我国经济学在理论和实践层面都取得了重要突破（史晋川，叶建亮，2019）。二是对外开放。中国除了对内发布的一系列改革政策，在1979年确定了珠海、深圳、汕头和厦门四个经济特区，加大与港澳经济和境外经济接轨的力度，在关税贸易、外汇、价格、工资、土地等方面大胆实行市场化的政策，促进了这几个地方的经济乃至广东省的经济快速发展，而且对全国起到了试验和示范作用。随后中国在各个城市加大对外开放力度，逐渐确立将出口业、旅游业和贸易业作为经济发展的重要推动力量。特区政策是改革开放以来我国地方试验政策的一个缩影。进入21世纪之后，特区政策在国家政策体系虽不再占有主要地位，但仍为许多地方性和全国性改革开放政策提供经验启示。第三，发展和丰富宏观经济政策。1978年底，党的十一届三中全会后，党中央决定从1979—1981年进行3年经济调整。1979年3月成立的国务院财政经济委员会提出“调整、改革、整顿、提高”的八字方针。1985年9月召开的“宏观经济管理国际讨论会”（又称“巴山轮会议”）形成的意见，对坚定实施“双紧”政策发挥了重要作用（吴敬琏，2017）。但不久后，经济增长出现下滑现象，一些地方和企业纷纷要求放松信贷控制。1992年邓小平南方谈话时提出要建立社会主义市场经济体制，中共十四大正式提出建立社会主义市场经济体制的目标。首先，市场经济是一种经济手段。社会主义市场经济体制表现出了促进国民经济增长和综合国力提高的强劲功能，因其作为一种经济手段而非社会形态制度发挥作用，而成为我国的基本经济制度（安敏，2023）。其次，市场经济在不断发展和完善。最初的市场经济是完全由市场力量调节的自由放任型经济体系，政府干涉较少，极大地推动了经济的飞速发展，但同时积累了严重的生产过剩和经济危机。1929—1933 年世界经济危机爆发后，为了解决这种无序竞争带来的“市场失灵”，自由市场经济逐步演变为政府干涉下的现代市场经济（张顺清，2023）。

三、2013 年至今

党的十八大以来，特别是 2013 年 11 月党的十八届三中全会以来，中国的改革开放进入了全面深化改革阶段。首先，提出“供给侧结构性改革”“需求侧改革”。2013 年 11 月召开的党的十八届三中全会是在中国改革进入关键时期和攻坚阶段具有重要意义的一次会议，会议通过的《中共中央关于全面深化改革若干重大问题的决定》强调，“使市场在资源配置中起决定性作用和更好发挥政府作用”。2015 年 11 月 10 日，习近平总书记在中央财经领导小组第十一次会议上的讲话中指出：“在适度扩大总需求的同时，着力加强供给侧结构性改革，着力提高供给体系质量和效率”；党的二十大提出“坚持以推动高质量发展为主题，把实施扩大内需战略同深化供给侧结构性改革有机结合起来，增强国内大循环内生动力和可靠性”。这为宏观经济治理政策体系的完善和提升指明了方向（王思琛、任保平，2021）。在深入推进“三去一降一补”的基础上，供给侧结构性改革不断拓展新领域。针对实体经济结构性供需失衡、传统产业盈利能力下降等问题，明确要求大力振兴实体经济，推动实体经济适应市场需求变化，加快产品更新换代，提高产品质量和工艺水平，增强企业创新能力和核心竞争力。另外，建立现代化经济体系。一是现代化经济体系是一个有机整体。现代化经济体系是由社会经济活动各个环节、各个层面、各个领域的相互关系和内在联系构成的一个有机整体。现代化经济体系是社会主义市场经济新的规律和体系化的发展，没有经济体系的现代化，就没有社会主义国家的现代化。建设现代化经济体系是全面建成社会主义现代化强国的必由之路（周文，2023）。二是支持实体经济发展。习近平强调："建设现代化经济体系，必须把发展经济的着力点放在实体经济上。"实体经济是国家产业的重要支柱，是经济之本。其中，制造业是实体经济的基础，是构筑未来发展战略优势的重要支撑。2023 年 1 月 3 日，河南省政府新闻办召开新闻发布会，重点介绍河南省大力提振市场信心、促进经济稳定向好的有关工作。三是坚持创新引领发展。将自主创新作为转变经济发展方式的中心环节，加快建设科技强国，实现高水平科技自立自强。以全球视野谋划和推动科技创新，全方位加强国际科技创新合作，积极主动融入全球科技创新网络。攻克核心技术，拥有自主知识产权，生产具有竞争力的核心产品，提升在市场中的竞争力。

第四节 河南省经济高质量发展的演变过程

河南省经济高质量发展的演变过程是一个不断探索和创新的过程，近年来，河南省通过加快转型升级、扩大投资和消费需求、提高对外开放水平、促进城乡区域协调发展等措施，在经济高质量发展方面取得了显著成效。未来，河南省将继续坚持创新驱动、质量第一、绿色发展、开放合作的发展理念，推动经济高质量发展迈上新台阶。

一、1978—1998 年

改革开放以来，作为中国重要的农业省份及人口大省，河南省实施了一系列重大的经济社会改革，推动了省内经济的快速增长和结构的优化升级。河南省在这二十年中实现了从计划经济向市场经济的转型，经济结构、产业结构和社会结构发生了根本性变化，为进入 21 世纪后的进一步发展奠定了坚实基础。

1978—1984 年，中共中央第十一届三中全会确立以经济建设为中心的基本方针，河南省经济体系也开始由计划经济向市场经济转型。为适应市场经济要求，河南省积极推动经济体制改革，大力发展市场经济，鼓励民营企业的发展。河南省政府减少了对企业的干预，为市场发展提供更大空间。同时，河南省积极引入国内外的投资和技术，促进了经济的多元化发展，2300 多家企业得到整顿，进行了经济体制改革，积极推进扩大企业自主权试点工作。实行家庭联产承包制促进河南省农业的发展，农村经济得到有效的扶持，农民收入水平明显提高。城乡之间的发展差距逐渐减小，在这样的背景下，河南省的经济蓬勃发展。投资规模逐渐扩大，产业结构优化，新兴产业蓬勃兴起，人民生活水平稳步提升。

1984—1988 年，随着河南省经济改革的深入推进，河南省的改革核心逐渐从农村转向了城市，这标志着河南省正朝着更加市场化和现代化的发展路径迈进。在这一阶段，河南省积极吸引国内外投资和技术，推动城市经济快速发展。一系列经济体制改革和市场化举措得以实施，为企业提供了更加灵活的运营环境和机会。同时，河南省政府也加大了对城市基础设施建设和公共服务的投入，提升了城市的整体竞争力和居民的生活水平。城市成为河南省经济发展的重要引擎，城市功能不断拓展和优化，吸引了更多高端人才和知识产业，推动了城市经济的转型升级。1984 年，河南省经济改革核心从农村向城市转移，这一转变为河南省带来了巨大的变革和机遇，但同时也面临着城市化进程中的挑战，如资源环境压力和城乡差距等问题。

1988—1993 年，随着改革开放的不断推进，我国经济发展面临着通货膨胀和经济过热等问题。为了解决这些问题，在 1988 年 9 月召开的党的十三届三中全会上，决定开始治理经济环境，整顿经济秩序。河南省政府积极响应中央政策，采取了一系列措施治理整顿。然而，在工业降温过程中，增速过快的回落形成了另一个问题。于是，河南省制定了“以农兴工、以工促农、农工互动、协调发展”的发展思路。注重发挥农业的主导作用，推广现代农业技术和改革农村经济体制，促进农业的快速发展和现代化转型。同时，积极推进工业的发展，引进外资和技术，加大工业投资力度，提升工业生产水平和竞争力。农业和工业的协调发展相互促进，形成了良性的发展格局。河南省农业和工业经济取得了协调发展，农业产值和工业产值快速增长，经济结构得到了优化升级，河南省的经济发展迈上了一个新的台阶。

1993—1998 年，随着改革开放和经济改革的推进，河南省的经济保持了较快的增长速度。在工业方面，该省大力投资于装备制造业和高新技术产业，推动产业结构升级和现代化程度提升。同时，河南省积极推进工业化进程，出台了一系列扶持政策，大力发展轻工业、化工、机械、电子等领域，使工业产值大幅提升，并不断推出新产品。在农业方面，河南省深化改革，鼓励规模化生产和农村合作经济发展，并逐步加强现代化农业基础设施建设。此外，河南省还加强了农产品的品种改良和生产标准化工作，提高了农产品的质量和市场竞争力。在城市化方面，河南省积极推动城市建设和提升城市功能，加强城市基础设施建设和城市管理能力，吸引外资和高端人才，优化城市产业结构并扩大城市规模。1993—1998 年，河南省的 GDP 年均增长率达到 10.4%，超过了全国平均水平。城乡居民收入稳步提高，社会保障体系不断完善。

二、1999—2012 年

在实现现代化初期，中国为了实现区域均衡发展，激发中部地区内生动力，促进中部地区经济社会发展提出“中原崛起”这一区域发展战略，河南省作为中部地区的一个重要省份，也是“中原崛起”战略的关键地区，从中获得了显著的经济社会发展效益。通过产业结构调整、基础设施建设、城乡发展一体化、对外开放与合作及市场化改革等措施，为河南省经济的高质量发展，以及实现持续、稳定的发展提供重要保障。

1999—2005 年河南省大力发展现代农业，调整农业结构，提高农业综合效益和竞争力，这标志着中国进入经济持续快速增长、结构调整深化以及城乡一体化进城加速的重要时期。河南省作为中国东西部重要过渡和衔接区域，积极加强东西协作，推动资源优势转变为经济优势，主动落实西部大开发战略；《河南省国民经济和社会发展第十个五年计划》明确提出：2001—2005 年全省经济与社会发展的主要目标是在保持相对较高的增速基础上，重点是提升经济发展的质量与效率，以更快的速度、更高的质量为发展目标。2001 年河南省粮食总产量达 4119.9 万吨，首次位列全国第一，随着中国加入世界贸易组织（WTO），为河南省的外贸出口行业带来了重要发展风口，进一步推动了河南省经济的对外开放，促进了河南省主要经济结构的转型。河南省积极推进产业结构调整，尤其是对传统优势产业进行升级优化，并大力发展新兴产业，与国内外的产业进行主动对接，使我国的开放经济发展到了一个全新的层次。与此同时，河南省还将着力于构建贯彻科学发展观的制度体系作为切入点，通过对国有大中型企业的公司制改革、上市公司的股权分置改革、省属企业的产权结构多元化改革等方面进行改革，河南省整体经济运行情况稳步提升，2005 年河南省工业发展首次跻身全国第一方阵。

2006—2010 年“十一五”期间，我国提出区域经济协调发展，“中部地区崛起战略”为四个主要的发展方向之一，2006 年河南省着手打造区域性中心城市，出台《中原城市群总体发展规划纲要》，推动城乡一体化发展。2007 年河南省工业增加值以平均 18.2% 的速度增长，在此期间，河南省工业经济处于黄金时期。河南省在应对国际金融危机冲击的同时，采取了一系列的保增长、扩内需、调结构的举措，河南省工业生产虽然出现了一定的回落，但仍然快速增长，全年的工业增加值比上年同期增长 15.3%。接下来，全省将“稳增长、调结构、促转型”的一系列举措作为主要工作内容，以产业集聚区为载体，结合比较优势和后发优势、规模扩大和结构优化，加强创新驱动发展，把新旧动能转化作为重点，把战略支柱产业做大做强，同时大力发展战略性新兴产业，使工业经济的信息化程度得到全面提高，使工业经济保持平稳增长，并逐渐从金融危机的阴影中走出来。

2009—2012 年，全省工业增加值年均增长 13.2%，河南省继续加快转变经济发展方式，推动产业结构优化升级，加强科技创新，提升企业竞争力。同时，实施更加积极主动的开放战略，借鉴沿海开放的经验，大力发展外向型经济，持续推进新型城镇化进程，强化城市群和都市圈建设，提高城市综合承载能力。

河南省在 1999—2012 年，在国家宏观政策的指引和地方政府的努力下，在经济、社会、环境等多方面实现了全面的进步和发展。然而这一时期的成就也伴随着诸多挑战，比如工业化进程中的环境污染问题、城乡发展不均衡问题等。

三、2013 年至今

自党的十八大以来中国一直强调要实现经济发展方式的转变，从高速增长向高质量发展转变；2017 年党的十九大报告中明确指出，我国经济已由高速增长阶段转向高质量发展阶段，正处在转变发展方式、优化经济结构、转换增长动力的攻关期；党的二十大中习近平总书记再次强调，“高质量发展是全面建设社会主义现代化国家的首要任务。”在此背景下，河南省以服务国家战略为引领，不断推进各项改革和创新，力求在保持经济稳定增长的同时实现结构优化和质量效益提升，河南省作为中国中部地区的一个重要省份，2013—2023 年经历了各项改革，朝着高质量发展不断迈进。

2013—2015 年随着“中国梦”的提出，中国经济转向高质量发展也迎来了重要转折点，党的十八届三中全会通过的《中共中央关于全面深化改革若干重大问题的决定》强调，“使市场在资源配置中起决定性作用和更好发挥政府作用”体现了我国对市场经济规律认识的重大突破，河南省也开始深入探索供给侧结构性改革，调整优化产业结构，河南省工业经济进入换挡期，增速逐渐放缓，但其转型升级效果明显，质量与效率不断提高；随着全面深化改革的推进，河南省响应国家号召，继续改善企业营商环境，加快创新驱动发展策略的执行，大力发展现代物流、高端装备制造等产业，并在郑州市等城市建设国家自主创新示范区。

“十三五”规划期间，河南省提出了以创新为主要引领和支撑的高质量发展道路，进一步促进了产业结构的优化升级。2016 年，河南省工业持续深化“供给侧结构性”改革，以消除过剩产能、去除“僵尸企业”、优化资源配置、市场出清为重点，推动河南省工业结构逐步向中高端迈进；同时继续扩大开放，吸引国内外投资，提升产业链的国际竞争力，先后建设自由贸易区、经济技术开发区等平台，加强对外经济合作，实现郑州航空港、河南自贸区、郑洛示范区、跨境电商综合试验区（郑州、洛阳、南阳）、国家大数据综合试验区“五区联动”高效运行，陆、空、网、海“四路协同”发展；2019 年习近平总书记在河南省主持召开座谈会，明确建设现代化河南目标，加强统筹领导，突出关键问题研究，强调区域协调发展和可持续发展，推动形成黄河流域生态保护和高质量发展新格局。2016—2020 年河南省的整体实力实现了历史性的飞跃，经济总量连续跨过 4 万亿元和 5 万亿元大关，取得了“两个跨越”“两个翻番”“三大转变”“整体脱贫”的标志性成果（见图 10 – 1）。

当前，河南省立足于新的发展阶段、新的市场环境、新的发展条件下，着力发展新的产业基础、新的市场和新的开放通道，为加速推进高质量发展提供了助推力。在“十四五”开局之年，河南省推进重点行业的数字化、智能化改造，发展数字经济，贯彻新发展理念，持续扩大对外开放、推动城乡协调共享、推动绿色生态建设、增进人民福祉；2023 年河南省提出“建设制造强省三年行动计划”，明确“五项任务”“八项工程”，通过科技创新引领经济结构的转型升级，提升产业链、供应链的现代化水平，全面推动经济高质量发展。

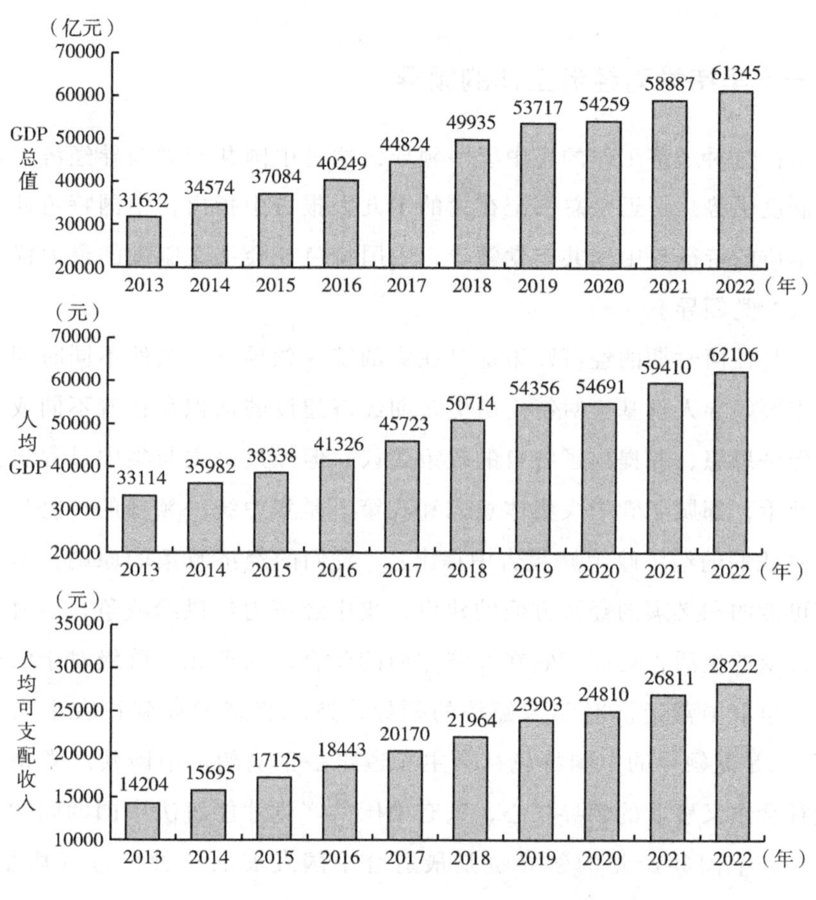

图 10－1　2013—2022 年河南省经济运行基本情况

第五节　主要实践和经验启示

新中国成立以来，中国共产党对基本经济制度进行理论探索和实践探索，在改革和发展实践中创新和完善宏观经济政策，并取得了伟大成就。这是在中国共产党的坚强领导下全国各族人民经过艰辛探索、艰苦努力奋斗而得来，成就来之不易，其背后积累的经验对于我们不断推动经济高质量发展、实现“两个一百年”奋斗目标和社会主义现代化强国梦而言弥足珍贵。

一、坚持党对经济工作的领导

坚持党对经济工作的集中统一领导，这是中国共产党领导经济工作的强大制度优势。习近平总书记在党的十九大报告中指出，中国特色社会主义最本质的特征是中国共产党领导，中国特色社会主义制度的最大优势是中国共产党领导。

一是任何时期的经济政策都是在党的统一领导下。虽然不同时期党中央的主要领导人都基于对特定历史时期经济建设的认识存在着不同或者相同的经济思想，并提出了各自的政策建议，但经过民主与集中过程出台的经济政策，都属于党中央集体意志和决策，是集中统一领导的产物。毛泽东在《我们的经济政策》报告中提出："我们的经济政策的原则，是进行一切可能的和必须的经济方面的建设，集中经济力量供给战争，同时极力改良民众的生活，巩固工农在经济方面的联合，保证无产阶级对于农民的领导，争取国营经济对私人经济的领导，造成将来发展到社会主义的前提。"二是党领导的中国特色社会主义道路是正确的。中国共产党是中国特色社会主义事业的领导核心，只有中国共产党才能解决中国的问题。实践证明，中国共产党的领导也是最适合中国发展的一种体系（唐皇凤，2018）。纵观历史可以发现，这一选择是历史和人民的必然选择，也是中国特色社会主义的本质特征。1949 年中国共产党仅用了三年，就将国民经济恢复到旧中国的最高水平。改革开放前的中国经济濒临崩溃，中国共产党带领全国人民仅用了三十多年，就跃升为世界第二大经济体，创造了世界经济史上的奇迹。在中国快速发展的阶段，不管是从理论优势、政治优势，还是从组织优势、联系群众优势以及制度优势来分析，党的领导是中国特色社会主义制度的最大优势。

二、充分发挥市场的决定性作用

习近平总书记指出："理论和实践都证明，市场配置资源是最有效率的形式”“市场决定资源配置是市场经济的一般规律。”要按照党的二十大报告部署，构建全国统一大市场，深化要素市场化改革，建设高标准市场体系，完善产权保护、市场准入、公平竞争、社会信用等市场经济基础制度，优化营商环境。一方面，强化市场基础制度规则统一。基础制度规则的统一是建设全国统一大市场的前提和保障。要健全归属清晰、权责明确、保护严格、流转顺畅的现代产权制度。健全以公平为原则的产权保护制度，依法平等保护国有、民营、外资等各种所有制企业产权。健全产权执法司法保护制度，推动涉企冤错案件依法甄别纠正常态化机制化。加强数据、知识、环境等领域产权制度建设。实行统一的市场准入制度，严格落实“全国一张清单”管理模式，依法开展市场主体登记注册工作，制定全国通用性资格清单。健全公平竞争制度框架和政策实施机制，建立公平竞争政策与产业政策协调保障机制。健全统一的社会信用制度，形成覆盖全部信用主体、所有信用信息类别、全国所有区域的信用信息网络。另一方面，加快要素市场化改革步伐。完善要素市场是构建全国统一大市场的重要组成部分，是深化市场化改革的重点任务。要着力推进土地要素市场化配置改革，建立健全城乡统一的建设用地市场，统筹推进农村土地征收、集体经营性建设用地入市、宅基地制度改革。改革土地计划管理方式，赋予省级政府更大用地自主权，探索建立全国性的建设用地、补充耕地指标跨区域交易机制。着力推进人力资源要素市场化配置改革，健全统一规范的人力资源市场体系，破除劳动力和人才在城乡、区域和不同所有制单位间的流动障碍，减少人事档案管理中的不合理限制。加快发展技术和数据要素市场，健全要素市场运行机制，完善交易规则和服务体系。

三、全面深化改革扩大开放水平

在新的历史条件下，要坚定不移深化改革扩大开放，围绕构建高水平社会主义市场经济体制、推动高水平对外开放，推动各方面制度更好适应生产力发展要求（石明明，张小军，2023）。第一，构建海、陆、空、网立体枢纽。十年来，河南省在共建“一带一路”中的参与度、影响力稳步上升。国际交通物流枢纽能级不断增强。“近年来，河南省综合交通线网总里程达到28万公里，基本形成‘米+井+人’综合运输通道布局，公路、铁路、航空运载能力居全国前列。”河南省副省长张敏说，河南省已形成以郑州—卢森堡“空中丝绸之路”为引领，“空中、陆上、网上、海上”四个方面协同发展的开放格局。此外，自贸试验区制度创新先行，为贸易便利化打通堵点；跨境电商综试区全力发展新业态，成为对外贸易的新增长点；郑洛新国家自主创新示范区、国家大数据综试区则为开放发展提供强有力的科技支撑。第二，强化平台载体支撑。加快建设郑州国家中心城市。盯紧“当好国家队、提升国际化、引领现代化河南建设”总目标，积极谋划大项目、大平台、大活动，实现国家中心城市现代化建设质量的提升。加快建设创新高地，高标准建设中原科技城，争创国家区域科技创新中心。加快建设先进制造业高地，发展壮大主导产业，前瞻布局未来产业，提质发展传统产业，强化产业数字赋能。加快建设开放高地，全面参与RCEP区域合作，统筹平台打造、载体活动和项目建设，打造以自贸区为引领、以郑开同城化和郑许一体化为支撑、国际综合交通枢纽支撑有力、“四条丝路”高效协同共进的内陆开放高地。加快建设人才高地，推动人力资源优势向人才资源优势转变，提升人才招引针对性。第三，持续发展对外贸易。强化贸易拉动，加快培育外贸主体支持力度；大力吸引外资，完善外商投资配套政策；增强豫企综合竞争力，培育对外合作增长点。无论是对外贸易还是资本流动，河南省外向型经济发展处于持续增长的态势，为全省加快融入全球产业链、供应链、价值链，保持经济平稳快速增长注入了强劲动力。在外贸方面，河南省进出口总值从2012年的3268.4亿元，到2015年超4000亿元、2017年突破5000亿元、2020年跨过6000亿元，再到2021年连跨7000亿元、8000亿元大关，达到8208.1亿元，增长可谓十分迅猛。

四、深入实施创新驱动发展战略

创新是经济现代化建设最持久、最强劲的推动力。因此，实施创新驱动发展推动经济高质量发展，是应对河南省经济发展形势的根本之策。第一，认识创新驱动的根本规律。要尊重科技创新发展的内在规律，依据实践需要不断调整科技方针与创新战略，推动中国科技创新与社会发展深度融合。《河南省“十四五”科技创新和一流创新生态建设规划》指出，必须深刻认识并准确把握经济社会高质量发展的新要求和国内外科技创新的新趋势，坚持把科技创新摆在发展的逻辑起点、摆在现代化建设全局中的核心地位，确立我省科技创新和一流创新生态建设的发展目标和重点任务，深入实施创新驱动、科教兴省、人才强省战略，全力打造国家创新高地，为国家高水平科技自立自强作出河南省新贡献。第二，强化科技创新的顶层设计。完善高校、科研院所创新驱动成果转化的体制机制，加大创新驱动成果转化力度。以改革创新体制机制为重点，加快推动科技成果转移转化。以部分在郑高校院所为试点，相继开展赋予科研人员职务科技成果所有权改革、职务科技成果单列管理改革，着力推动高校和科研机构科研人员职务科技成果有效转化。在郑州市建设河南省技术交易市场，加快推进科技成果转化，去年郑州市技术合同成交额突破500亿元，占全省50%以上。以重建重振省科学院为重点，强化基础研究和应用基础研究。第三，加快建设创新创业人才高地。人才是创新驱动发展战略的关键，高质量创新人才为河南省经济高质量发展提供强力支撑。加强创新人才的培养，充分利用高校资源、科研院所资源以及人口资源，培养创新型人才。推动高校与企业深度合作，针对当前社会需求，培养更高层次、高水平的创新人才。另外，要加强人才引进，引进国内外高水平人才，完善人才引进的激励措施，健全人才科技创新工作的评价机制，建立以科研成果为导向的绩效评价机制。

五、深入实施科教兴国发展战略

党的二十大报告中提出“实施科教兴国战略，强化现代化建设人才支撑”的任务，将教育、科技、人才统筹推进，体现了科教兴国发展战略的重要意义。第一，教育优先发展。坚决将教育发展放在第一位，全面执行教育优先发展的法律政策，在经济社会发展规划上优先安排教育发展、财政资金投入上优先保障教育投入、公共资源配置上优先满足教育和人力资源开发需要。政府将教育作为政治责任，把教育优先作为重要方针，出台支持政策。加大资金投入，改善办学条件，提升教学质量，培养优秀教师团队，为河南省高质量经济发展提供坚强的人才和智力支撑。第二，人才引领驱动。科技是第一生产力，人才是第一资源，创新是第一动力。深入贯彻科教兴国战略，必须牢牢抓住“人”这一关键要素，优化科技人才的培养和发展环境，让各类人才的创造活力竞相迸发、充分涌流。始终重视培养人才、团结人才、引领人才，团结和支持各方面人才为河南省经济发展作出贡献。深化人才工作政策创新，完善人才培养、使用、发展、评价等人才制度，构建更加积极、开放、有效的人才工作格局。打造河南省高端育人平台和创新支撑平台，培育高水平创新型人才，推动高校双一流学科建设和发展。第三，坚持科技自主创新。近年来，河南省初步形成“三足鼎立”创新大格局，省科学院与中原科技城、国家技术转移郑州中心持续融合发展，加快形成环省科学院生态圈。聚焦全省 7 大先进制造业集群和 28 条重点产业链，布局实施一批重大科技项目，以关键核心技术突破带动产业创新发展。加大前沿和基础研究，争取在高技术核心领域取得一批原创性科技成果。

六、深入实施人才强国发展战略

人才是衡量一个国家综合国力的重要指标。要深入实施新时代人才强国战略，全方位培养、引进、用好人才，加快建设世界重要人才中心和创新高地。第一，打造创新载体。国家级平台实现新的突破。国家技术转移郑州中心、国家超算郑州中心、国家农机装备创新中心、国家生物育种产业创新中心、郑州市国家新一代人工智能创新发展试验区等“国字号”平台先后落户河南省。截至2022年末，河南省共有省级及以上企业技术中心1545个，其中国家级93个；省级及以上工程研究中心（工程实验室）964个，其中国家级50个；省级及以上工程技术研究中心3345个，其中国家级10个。形成以省实验室为核心、以自创区和开发区为基地、优质高端创新资源协同发展“核心+基地+网络”的创新格局。第二，打造高水平创新人才队伍。推动高端科技创新人才结构优化。完善战略科技人才、科技领军人才和创新团队培养发现机制，鼓励科技人员开展重大原创性研究，在重大科技攻关实践中培育锻炼人才。注重培育高素质应用型人才队伍，培养更多高素质技术技能人才，形成合理的科技人才队伍建设。继续推动“人人持证、技能河南”建设，提高整体职业素质和技能水平，有利于推进河南省的新兴产业发展，促进经济高质量发展。第三，优化人才制度。引育人才的同时要留住人才。完善人才培养激励机制。突出“高精尖缺”导向，瞄准培养造就具有国际水平的战略科技人才、科技领军人才和创新团队，研究制定育才、引才、用才中长期规划和激励约束措施。比如，对用人单位引才育才工作加大资金支持力度，对新培养和全职引进的顶尖人才，省财政按照每人600万元的标准给予用人主体引才育才工作经费支持。加强对科技创新人才的放权赋能，统筹全省科研院所和高等院校建设，将研发成果纳入科研人员绩效、职称、岗位考核体系。

参考文献

[1] 安敏．社会主义市场经济体制发展逻辑探析 [J]．西南林业大学学报（社会科学），2023，7（5）：6－11.

[2] 高杰，陆凤存．新经济增长理论与中国经济增长 [J]．经济师，2006（1）：37－38.

[3] 刘伟，范欣．现代经济增长理论的内在逻辑与实践路径［J］．北京大学学报（哲学社会科学版），2019，56（3）：35-53.

[4] 王胜男．古典经济增长理论对现代宏观经济学的影响［J］．商场现代化，2008（32）：391.

[5] 王一鸣．改革开放以来我国宏观经济政策的演进与创新［J］．管理世界，2018，34（3）：1-10.

[6] 庞明川．建党百年宏观经济政策的探索与创新［J］．财经问题研究，2021（7）：11-26.

[7] 任志江，卢达全．中国共产党领导经济现代化建设研究综述［J］．西昌学院学报（社会科学版），2023，35（3）：1-8.

[8] 史晋川，叶建亮．中国经济学创新发展70年［N］．人民日报，2019-04-08.

[9] 石明明，张小军．中国式现代化视域中的经济改革与制度建构［J］．中国社会科学，2023（9）：4-23+204.

[10] 唐皇凤．新时代党的长期执政能力建设：理论依据与战略路径［J］．治理研究，2018，34（3）：45-53.

[11] 严成樑．现代经济增长理论的发展脉络与未来展望——兼从中国经济增长看现代经济增长理论的缺陷［J］．经济研究，2020，55（7）：191-208.

[12] 朱佳木．正确认识中国计划经济体制的历史作用　坚定新中国的历史自信［J］．当代中国史研究，2023，30（5）：4-23+157.

[13] 周文，许凌云．论新质生产力：内涵特征与重要着力点［J］．改革，2023（10）：1-13.

[14] 占水生．以现代经济增长理论引领新时代中国经济发展［J］．中共青岛市委党校．青岛行政学院学报，2017（6）：47-51.

[15] 张顺清．高水平社会主义市场经济体制建设研究［J］．中国商论，2023（18）：35-38.

第十一章　河南省经济高质量发展的指标构建与评价分析

改革开放以来我国经济发展迅猛，GDP 排名位列世界第二，但与此同时，我国当前经济发展仍存在不平衡、不充分的问题，面对这一现状，全国各地主动出击，积极统筹供给侧结构性改革和产业转型升级，推动区域经济向高质量发展。习近平总书记在中国共产党第二十次全国代表大会上强调，高质量发展是全面建设社会主义现代化国家的首要任务。高质量发展体现了我国新发展理念，其核心是实现创新、协调、绿色、开放、共享的经济高质量发展（张侠等，2020）。

高质量发展是经济发展的有效性、充分性、协调性、创新性、分享性和稳定性的综合体现（余泳泽等，2018），现有文献从宏观和微观角度来分析经济高质量发展的内涵可以更全面地理解其含义。从宏观来看，经济高质量发展就是通过高效率、高效益的生产方式，持续、公平为全社会提供高质量产出，关注经济总量、结构优化、产业升级、推动创新驱动和绿色发展，同时优化社会保障体系、注重社会公平（胡畔，2023；马立政等，2020）；从微观来看，经济高质量发展体现在企业和个体层面，以提高产业产品质量为基础，满足人民需求为目标，鼓励企业创新，提高竞争力和产品质量，注重人才培养和发展，提升劳动者的技能水平，并积极履行社会责任（张鸿等，2022）。经济高质量发展的内涵强调经济增长的质量、可持续性和创新能力的提升，旨在实现经济繁荣与社会进步的有机结合，为人民群众提供更好的生活条件和福祉。

河南省是我国中部重要经济地区，近年来，河南省以实现高质量的经济发展为主要目标，积极推动现代服务业和战略性新兴产业的发展，致力于优化和升级产业结构。然而，随着全球经济形势的不断演变以及国内需求结构的升级，河南省面临一系列的挑战，包括人口红利的逐渐减弱和激烈的资源竞争等。因此，准确评估河南省经济高质量发展的现状，识别发展中的短板，进而制定并完善相关政策体系，对于确保河南省的经济高质量发展具有重要意义。

第一节　经济高质量发展指标体系的研究历程

一、经济高质量发展的评价指标体系

经济高质量发展是现代化经济体系的本质特征，构建经济高质量发展评价指标体系是衡量高质量发展水平的重要内容之一。各专家学者从不同角度进行了研究，通过对现有高质量发展指标体系文献的梳理，多数主张是依据新发展理念，从创新、协调、绿色、共享、开放五个维度构建相关指标体系（任保平，2022）。国内学者对经济高质量发展的评价研究主要包括综合经济发展质量、创新驱动发展质量、生态文明发展质量、社会民生发展质量、开放共享发展质量等（付争江等，2023；黄庆华等，2019；马茹等，2019）。其中，综合经济发展质量指标主要包括经济增长情况、产业结构情况、基础资源设施三方面；创新驱动发展质量指标主要包括科学技术创新、科研资金占比、创新人才情况三方面；生态文明发展质量指标主要包括废物排放情况、资源消耗情况两方面；社会民生发展质量指标主要包括人民生活质量、社会公平保障两方面；开放共享发展质量指标主要包括国内区域协调发展、对外开放及国际合作两方面。

二、经济高质量发展的主要评价方法

目前，国内对于经济高质量发展评价方法的研究比较丰富，主要根据

研究对象的不同分为两种：一是针对多维度指标进行测量和评价方法，其中包括主成分分析法、熵值法、灰色关联分析法、层次分析法、BP 神经网络法等；二是在单一维度情况下，尤其是以经济发展能力和发展效益作为衡量经济质量水平指标的研究，采用 TFP 增长率、参数估计法或非参数估计法等进行测算（任海军等，2022；李强，2021；王文举，2021；李梦欣等，2019；）。此外，刘文革等基于宏观、中观和微观多维度构建经济高质量发展指标体系，采用耦合协调模型，对信息量权重和独立性权重进行组合权重赋权，测度分析中国经济高质量发展水平，并从国际视角进行纵横对比（刘文革等，2023）；任海军等分别用均值法和熵权法进行实证分析，对中国 31 个省份的经济高质量发展水平进行测度评价，最后得出结论：当前经济高质量发展水平基本呈东、中、西部地区依次递减分布（任海军等，2022）。

第二节　河南省经济高质量发展的指标体系构建

根据目前的研究成果可以看出，经济高质量发展是一个综合性的概念，它不仅涉及经济增长的速度问题，还包括经济增长的质量和效益，以及最终的目标是实现人民的福利最大化（钞小静等，2016）。着重强调了在经济增长的同时，必须兼顾环境、社会和人的全面发展，以把握全局性和可持续化发展，“创新、协调、绿色、开放、共享”这五大发展理念作为对经济发展规律的集中表达，能够全面概括这些重要特征。河南省在追求经济高质量发展的过程中，必须坚决贯彻执行这“五大发展理念”，这不仅有助于推动河南省经济朝更高质量发展，也有助于提升其在国内和国际舞台上的竞争力。因此，本章以“五大发展理念”为指引，同时鉴于河南省已从传统的农业大省转变为新兴工业大省、经济大省和内陆开放大省，战略地位和综合竞争优势更加凸显，从经济运行能力、创新驱动能力、协调共享能力、绿色低碳能力、对外开放能力、社会民生能力六个维度对河南省经济高质量发展特征进行概括。

一、经济高发展质量影响因素

当前，河南省正处于多重重要战略机遇时期，包括稳步提升全省经济、深化改革发展动能、有效破解现代化建设新难题、快步实现人民美好生活的愿望等。近年来，河南省委、省政府迅速行动、主动作为，河南省经济增速持续回升，同时聚焦于高质量发展，“抓重点、补短板、强弱项、促转型”，经济质量得到有效提升。但也应看到，河南省连续动能尚未充分释放，经济高质量发展仍任重道远。

一是经济运行方面，河南省高质量发展水平明显提升，但存在动能不足导致经济增长放缓情况，且多极分化的态势逐渐加剧（陈明华等，2023）。为突破发展瓶颈，河南省应加大基础设施建设，把握新技术提升发展动力；推动产业结构变革，合理优化布局；推动基本服务均等化发展，削弱极化趋势；同时坚持生态优先、绿色发展（闫丽洁等，2022），促进河南省经济发展“量”“质”并重，全面有效推进经济高质量发展进程。

二是创新驱动方面，与国内外发达国家地区相比，河南省经济创新驱动高质量发展还存在明显短板，产业转型升级还需要更大助推力。亟须通过体制机制提升创新效能，完善人才引育政策，形成教育科技人才一体化模式；同时加大研发投入力度，为经济高质量发展增添活力（张占仓，2022）。河南省经济高质量发展最大动力在于创新，应着力增强科技硬实力、经济创新力。

三是协调共享方面，河南省正处在城镇化加速发展时期，应积极推动建立区域协作机制，实现资源共享和互利共赢。制订城乡一体化规划，确保城市和农村发展的有机衔接，促进资源和要素的有序流动；促进教育和医疗资源均衡分配，切实提高农村地区的教育和医疗水平。及时调整和完善政策，保障各类资源的合理配置和有序流动。

四是生态环保方面，经济高质量发展的本质在于实现经济与环境协调、可持续发展。河南省作为新型经济大省和工业大省，且地跨长江、淮河、黄河、海河四大流域，要深化“放管服效”，不断优化环境；加强环境监管力度，推动企业完善环境治理设施；提高资源利用效率，推进节约型社会建设，以实现经济发展与生态环境的可持续协调发展（褚钰，2022）。

五是对外开放方面，区域对外开放能力对经济高质量发展具有显著的直接影响，河南省与国际先进地区相比还存在一定差距，在跨境贸易、外商投资和国际合作等方面国际化程度相对较低（吴刚等，2022）。需要加快打造高水平的开放体系，加强对外经济联系；提升企业的国际化运营能力，积极参与国际市场竞争；提升自主创新能力和核心竞争力。

六是社会民生方面，经济高质量发展最终目的在于共享经济成果，提高人民生活福祉。河南省具有庞大的人口基数，必须重视人的主体作用，多层次守住民生底线。切实关注人民面临的紧要问题，努力保证社会公平，改善人民收入分配以及福利水平。

二、评价指标体系选取与构建

为充分测度河南省经济高质量发展情况，本章基于河南省经济高质量发展主要特征，并借鉴付争江、黄庆华、任保平、马茹、陈明华等的研究成果，构建了包括经济运行水平、创新驱动能力、协调共享能力、生态环保能力、对外开放能力、社会民生能力6个子系统24个测度指标的河南省经济高质量发展水平测度体系，如表11-1所示。

表11-1　河南省经济高质量发展水平测度体系

维度	测度指标	衡量方式	效用
经济运行	人均GDP（万元）	GDP/河南省常住人口	+
	GDP增速（%）	GDP指数（上年=100）-100	+
	工业占比（%）	工业总产值/GDP	+
	第三产业占比（%）	第三产业总产值/GDP	+

续表

维度	测度指标	衡量方式	效用
创新驱动	万人发明专利授权量	发明专利数/总人数（万）	+
	技术转让合同率（%）	技术转让金额/技术合同总金额	+
	R&D 投入强度	R&D 经费投入/地区生产总值	+
	R&D 人员占比（%）	R&D 人员/总人数（万）	+
协调共享	城乡人均可支配收入比率（%）	城镇居民家庭人均可支配收入/农村居民家庭人均可支配收入	-
	城乡人均消费支出比率（%）	城镇居民家庭人均消费支出/农村居民家庭人均生活消费支出	-
	医疗水平（张）	每万人卫生机构床位数	+
	教育水平（万/人）	每万人拥有小学教师数	+
生态环保	绿化程度（平方米/人）	人均公园绿地面积	+
	单位 GDP 耗能占比（%）	能源消费总量/GDP	-
	水环境质量（亿吨）	废水排放量	-
	空气质量（万吨）	二氧化硫排放量	-
对外开放	货物进出口总额占比（%）	货物进出口总额占 GDP	+
	贸易差额（亿美元）	进出口顺差	+
	国际知名度	旅游创汇收入/GDP	+
	利用外资（%）	实际使用外资源/GDP	+
社会民生	居民消费支出占比（%）	居民人均消费支出/居民人均可支配收入	-
	社会保障支出占比（%）	社会保障支出/财政一般总支出	+
	居民生活质量（%）	居民人均教育文化娱乐消费支出占比	+
	就业情况（%）	城镇登记失业率	-

注："效用"一列"+（-）"表示在设定衡量方式下该测度指标为正（负）向指标，越大（小）越优。

三、数据主要来源与计算方法

数据主要来源于《河南省统计年鉴》和《河南省统计公报》，缺失数值采用临近点线性趋势方法补齐。依据所构建的指标体系，本章采用熵权法对河南省经济高质量发展情况进行评价，熵权法是一种多指标权重确定方法，它利用信息熵来度量各个指标的信息量，从而确定指标的权重。熵权法的基本思路是，信息熵越小的指标权重越大，信息熵越大的指标权重越小，具有客观性、全面性和科学性。

具体步骤如下：

（1）对各项指标进行无量纲化处理，且由于运用熵值法后续需要对数运算，数值为 0 的指标无法取对数，本章参考黄庆华等人的研究经验，在量纲处理过程中采取数据平移的方法。本章对正、负向指标采取不同的算法进行标准化处理，具体处理方式见式 11 - 1 和式 11 - 2。

$$Y_{ij} = \frac{X_{ij} - \min(X_{1j}, \cdots X_{nj})}{\max(X_{1j}, \cdots X_{nj}) - \min(X_{1j}, \cdots X_{nj})} + 1 \qquad \text{（式 11 - 1）}$$

$$Y_{ij} = \frac{\min(X_{1j}, \cdots X_{nj}) - X_{ij}}{\max(X_{1j}, \cdots X_{nj}) - \min(X_{1j}, \cdots X_{nj})} + 1 \qquad \text{（式 11 - 2）}$$

其中 i 表示年份，j 表示测度指标。X_{ij}和 Y_{ij}分别表示标准化前后的河南省经济高质量发展水平测度指标值，$\max(X_{ij})$ 和 $\min(X_{ij})$ 分别表示 X_{ij}的最大值与最小值。

（2）计算熵值，计算方式如式 11 - 3。

$$E_j = \ln\frac{1}{k}\sum_{i=1}^{n}\left[\frac{Y_{ij}}{\sum_{i=1}^{n}}\ln\left(\frac{Y_{ij}}{\sum_{i=1}^{n} Y_{ij}}\right)\right] \qquad \text{（式 11 - 3）}$$

其中，k 表示为样本数量。

（3）得出权重，计算方式如式 11 - 4。

$$W_j = \frac{1 - E_j}{\sum_{i=1}^{m}(1 - E_j)} \qquad \text{（式 11 - 4）}$$

（4）线性加权得出河南省经济高质量发展水平测度指标的加权矩阵 S_i。

$$S_i = \sum_{j=1}^{m} W_j \times Y_{ij} \qquad \text{（式 11 - 5）}$$

第三节　河南省经济高质量发展的评价分析

一、河南省经济高质量发展综合指数结果

本章基于构建的河南省经济高质量发展测度指标体系，采用熵值法综合测量评价河南省经济高质量发展情况，结果如表 11－2 所示。

表 11－2　　河南省经济高质量发展测度结果统计

年份	经济运行	创新驱动	协调共享	生态环保	对外开放	社会民生	经济高质量发展
2013	0.0798	0.0706	0.0062	0.0109	0.0672	0.0513	0.2860
2014	0.0837	0.0811	0.0260	0.0201	0.0749	0.0212	0.3070
2015	0.0859	0.0795	0.0323	0.0235	0.0951	0.0414	0.3578
2016	0.0901	0.1061	0.0398	0.0727	0.0827	0.0500	0.4415
2017	0.0971	0.0761	0.0485	0.0937	0.0649	0.0606	0.4409
2018	0.1027	0.0574	0.0608	0.1063	0.0613	0.0464	0.4348
2019	0.1033	0.0641	0.0724	0.1106	0.0806	0.0487	0.4798
2020	0.0751	0.0719	0.0865	0.1752	0.0662	0.0688	0.5437
2021	0.1043	0.0931	0.0995	0.1846	0.1140	0.0604	0.6558
2022	0.0966	0.0922	0.1301	0.1973	0.1081	0.0663	0.6906

数据来源：计算所得。

（一）河南省经济高质量发展水平整体向好

近年来河南省积极推进产业结构调整，推动供给侧结构性改革，加快传统产业转型升级并发展新兴产业；加快城市轨道交通、高速公路、机场等项目建设，促进区域互联互通；同时促进区域协调发展，推进大气污染防治、水污染治理等绿色环保工作。河南省在经济高质量发展方面付出了积极努力，并取得了一定的成果。然而，河南省推动经济高质量发展还存

在一定追赶性、艰巨性、双重性和非均衡性，需要进一步优化产业结构，加大改革开放力度，提升可持续发展水平，推动全省经济向更加均衡、协调方向发展。

从表 11－2 可以看出，2022 年河南省经济高质量发展指数达到 0.6906，比 2013 年的 0.2860 提高了 0.4047，指数年均增加约 0.0450，表明河南省经济高质量发展在 2013—2022 年取得了较大的成果，全省经济兼顾“量”与“质”协同发展。从阶段性发展分析，由图 11－1 可以看出，2013—2016 年高质量发展处于平稳提升阶段，指数年均增加约 0.0519；2019—2022 年河南省经济质量快速提升，指数年均增加约 0.0703，2020 年河南省经济高质量指数为 0.5437，首次突破 0.5，说明自党的十九大高质量发展理论提出以来河南省取得了较大进步。其中，2017 年和 2018 年的经济高质量环比指数还略有下降，表明河南省在经济高质量持续保持上升趋势的同时，仍有许多工作有待提升，未来河南省在经济高质量发展方面还具有广阔的空间。

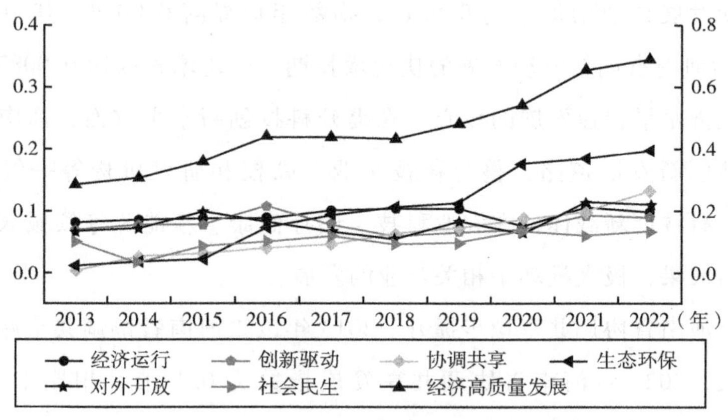

图 11－1　河南省经济高质量发展趋势

（二）河南省经济高质量发展单项指数稳步提高

在关注河南省经济高质量发展指数呈现稳步上升的同时还应注意六个

维度指数的变化趋势：

一是河南省经济运行水平平稳上升。由图 11 - 1 来看，2013—2019 年河南省经济发展水平保持上升态势，其中 2013—2017 年为快速增长期，2017 年以后开始达到稳定水平。受疫情影响，2020 年河南省经济运行水平出现明显下跌，近两年逐步恢复并维持在原有水平。如表 11 - 2 所示，2022 年河南省经济发展指数为 0.0966，相比于 2013 年（0.0798）河南省经济发展指数增加了 0.0168，平均增速约为 0.0019/年，其中 2013—2017 年为快速增长期，平均增速达到了 0.0043。当前，河南省经济整体上处于发展维稳期，发展势头有所减缓。河南省经济发展主要受地理位置、人口压力等因素制约，目前正通过优化产业结构，降低农业和传统制造业占比等方式，促进科技创新和高新技术产业发展，为经济增长输入新动力。

二是河南省创新驱动发展能力缓慢提升。由图 11 - 1 可以看出，河南省创新驱动发展能力在缓慢提升，表 11 - 2 显示 2022 年河南省创新驱动发展指数为 0.0922，已逐步回复至历史最高水平。与 2013 年相比，河南省创新驱动发展指数增加了约 0.0216，指数年均提高 0.0024，其中 2018—2022 年为河南省创新驱动发展的快速增长期，年均增长高达 0.0087。创新是推动经济水平快速发展的核心，在提升科技创新水平方面，河南省始终坚持科技创新发展道路，整合科技企业、高校和研发机构等一线科研力量，建设科技创新载体，在农业科技、医疗健康、新能源等领域取得了一系列创新成果，极大推动了相关产业的发展。

三是河南省协调共享稳步提升。2013 年以来河南省协调共享测度逐年稳步增长，2022 年河南省协调共享发展指数为 0.1301，相比于 2013 年（0.0062）增长 0.1239，年均增长率为 0.0138，呈现快速增长。资源协调共享是提高资源利用率的关键，近年来，河南省建立了共享单车、共享汽车等一系列共享经济平台，加强教育、医疗等方面的投入，并促进与邻省之间跨区域合作，开展跨区域的基础设施建设和科技创新合作。同时，河南省致力于城乡协调发展，通过城市和乡村之间的资源共享，提高农村地区的基础设施和生活水平。

四是河南省生态环保建设保持快速增长态势。河南省生态文明建设自2013年以来增长趋势显著。2022年河南省生态文明建设指数为0.1973，与2013年相比增加了约0.1863，年均增长为0.0207，生态环境可持续发展水平显著提高。经济高质量发展提出以来，河南省加强环境保护政策的制定和实施，推动节能减排，努力实现“双碳”目标；积极开展生态保护和修复工作，鼓励农业向生态友好型种植和养殖转变，加强环境监测体系建设，同时加强环境信息公开，增进公众对环境问题的了解。河南省正在致力于构建绿色、低碳、可持续的发展模式，以确保未来的环境质量。

五是河南省对外开放水平整体呈波动提升趋势。2021年取得了较大进步，指数上涨至0.1140，近年来河南省积极打造开放平台，包括自由贸易试验区、国际物流枢纽、跨境电商综合试验区等，以吸引国内外投资和促进贸易自由化。加强与“一带一路”倡议的对接，通过基础设施建设、产业合作、文化交流等方式，促进与共建国家的合作与发展；积极寻求国际合作伙伴，建立友好城市和友好省份关系，推动与外国政府、企业和组织的合作；鼓励本地企业扩大出口和跨境电商业务，通过贸易畅通通道、跨境电商园区等方式促进贸易便捷化。

六是社会民生趋于稳定。近几年河南省社会民生发展水平由上下波动转为平稳提升，2020年时得到较大幅度提升，发展指数约为0.0688，说明河南省在社会民生方面作出了一定努力。河南省在推进义务教育均衡发展、提升基层医疗服务、加强公共卫生体系建设、完善社会保障体系、支持就业及促进文化体育事业发展实施了相应政策和措施，但由于人口基数较大，河南省整体民生发展水平较弱，对经济高质量发展具有一定的制约作用，因此，河南省还需继续加强社会民生事业发展。

二、河南省地市经济高质量发展结果排名

为进一步提升河南省整体经济高质量发展，深入探讨各地区间高质量

经济发展的优势和不足，本部分基于“五大发展理念”构建评价指标体系，来衡量河南省 18 个地市的综合指数和单项指数。

（一）评价指标体系的构建与测算

根据河南省各地市的实际经济发展情况，结合王蔷、谢秀娟和苏丽敏等的研究成果以及数据的可得性（王蔷，2021；苏丽敏、马翔文，2022；谢秀娟、陈茜茜，2023），构建河南省地市经济高质量发展的评价指标体系，包括“创新、协调、绿色、开放、共享”5 个测量维度及 20 个二级指标，指标设置及权重如表 11－3 所示。数据主要来源于河南省各地市 2022 年统计公报、河南省生态环境厅官网以及河南省知识产权局官网，部分缺失数值来自河南省 2022 年统计年鉴。依据所构建的指标体系，采用熵值法对河南省 18 个地市的经济高质量发展情况进行测度分析。

表 11－3　2022 年河南省地市经济高质量发展水平测度体系及权重

维度	权重（%）	测度指标	权重（%）	效用
创新发展	19.875	万人有效发明专利（万人/件）	5.053	+
		科技占财政支出占比（%）	5.300	+
		全年签订技术合同（份）	4.696	+
		技术合同成交额（亿元）	4.826	+
协调发展	16.690	第三产业占 GDP 比重（%）	3.925	+
		常住人口城镇化率（%）	4.233	+
		城乡居民人均可支配收入比重	4.679	-
		城乡居民人均生活消费支出	3.853	-
绿色发展	21.286	单位 GDP 耗电（%）	4.800	-
		人均公园绿地面积（平方米/人）	6.513	+
		颗粒物平均浓度（微克/立方米）	4.462	-
		城市空气质量优良天数占比（%）	5.511	+

续表

维度	权重（%）	测度指标	权重（%）	效用
开放发展	23.439	进出口总额占比（%）	6.552	+
		旅游收入占GDP比重	7.184	+
		实际使用外资金额（亿美元）	4.932	+
		新设立外商投资企业（个）	4.771	+
共享发展	18.710	人均GDP（万元）	4.081	+
		社会消费率（%）	3.811	+
		教育保障水平（%）	6.591	+
		医疗保障水平（千人/张）	4.227	+

（二）河南省地市经济高质量发展综合指数

由表11－4可知，在经济高质量综合发展能力方面，郑州市排名第一，综合评分为0.8059，且远高于其他地市，其次是南阳市、洛阳市分别位列第二、第三。郑州市作为河南省的省会城市，地理位置优越、交通发达，拥有全国第二大火车站和全球最大货运机场，且不断提升城市软实力和竞争力，在经济发展方面具有独特优势；洛阳市历史悠久、文化底蕴深厚，一直以来积极推进高端装备制造和新材料产业发展，构建完善科技创新体系和人才引进机制，在现代产业经济方面有领先优势；南阳市占地面积广阔、人口规模较大，其2022年GDP总量位居全省第三，南阳市良好的投资环境和生态环境也使之成为河南省入选全国百强榜单的城市之一。从测算结果来看，许昌市、平顶山市、商丘市、鹤壁市2022年经济高质量发展水平稍显落后，均未达到0.3。

表11－4　2022年河南省地市经济高质量发展综合指数和单项指数

排名	地市	创新发展	协调发展	绿色发展	开放发展	共享发展	综合得分
1	郑州市	0.1923	0.1492	0.1390	0.2178	0.1075	0.8059
2	南阳市	0.0476	0.0737	0.1051	0.0927	0.1430	0.4621
3	洛阳市	0.1006	0.0545	0.0972	0.1010	0.0868	0.4401
4	信阳市	0.0066	0.0840	0.1489	0.0537	0.1203	0.4135

续表

排名	地市	创新发展	协调发展	绿色发展	开放发展	共享发展	综合得分
5	三门峡市	0.0374	0.0701	0.0904	0.0914	0.1093	0.3986
6	漯河市	0.0335	0.0795	0.0995	0.0702	0.1033	0.3860
7	焦作市	0.0606	0.1392	0.0423	0.0399	0.0956	0.3776
8	济源示范区	0.0459	0.1019	0.0547	0.0712	0.0787	0.3524
9	驻马店市	0.0146	0.0384	0.1215	0.0722	0.0983	0.3449
10	新乡市	0.0702	0.0806	0.0390	0.0600	0.0836	0.3336
11	开封市	0.0217	0.0570	0.0851	0.0640	0.0989	0.3267
12	濮阳市	0.0205	0.0674	0.0785	0.0216	0.1185	0.3065
13	安阳市	0.0352	0.0767	0.0287	0.0708	0.0903	0.3017
14	周口市	0.0024	0.0413	0.1074	0.0077	0.1428	0.3017
15	许昌市	0.0341	0.0878	0.0996	0.0211	0.0522	0.2948
16	平顶山市	0.0473	0.0644	0.0611	0.0489	0.0675	0.2891
17	商丘市	0.0134	0.0400	0.0968	0.0166	0.0952	0.2622
18	鹤壁市	0.0212	0.0842	0.0970	0.0171	0.0405	0.2600

（三）河南省地市经济高质量发展单项指数

从地理环境来看，河南省经济高质量发展存在中部最强，西南部次之，东北部最弱的情况。具体来看，处于河南省东部的商丘市、周口市以及北部的鹤壁市、濮阳市排名比较靠后，而河南省西部三门峡市以及南部的南阳市、信阳市排名均比较靠前，表 11－5 为河南省经济高质量发展单项评分前五位的地市名称，出现频率较高的郑州市、洛阳市、焦作市，则处在河南省的中间位置。

表 11－5　2022 年河南省地市经济高质量发展单项指数排名前五的地市

排名	创新发展	协调发展	绿色发展	开放发展	共享发展
1	郑州市	郑州市	信阳市	郑州市	南阳市
2	洛阳市	焦作市	郑州市	洛阳市	周口市
3	新乡市	济源示范区	驻马店市	南阳市	信阳市
4	焦作市	许昌市	周口市	三门峡市	濮阳市
5	南阳市	鹤壁市	南阳市	驻马店市	三门峡市

根据河南省18个地级市在创新发展、协调发展、绿色发展、开放发展、共享发展五个维度得分情况，对各项指数进行分析：

一是创新发展。排在前三位的是郑州市、洛阳市和新乡市，说明其科技创新能力处于省内领先地位。郑州市政府近年来相继出台了包括对科技企业的扶持、创新人才的引育等多项政策，积极推动各类创新平台及产学研合作，促进科技成果的转化和应用；洛阳市致力于推动传统产业升级和新兴产业发展，建设高新技术产业园区和创新孵化器，通过实施人才计划吸引高层次人才和创新团队到洛发展；新乡市积极推进创新型城市建设，构建并不断完善创新体系机制，着力优化创新创业环境。

二是协调发展。郑州市、焦作市和济源示范区名列前三位，表明其在产业结构和城乡均衡发展方面有较强的协调性。郑州市政府制订了一系列规划，明确产业定位和发展方向，发挥集聚效应，并通过合理布局公共服务设施，促进城乡均等化发展；焦作市基于本市资源情况，提出"333"战略推动构建新兴产业和未来产业体系，同时加大农村基础设施投入力度，促进城镇化和乡村振兴发展；济源示范区根据实际需要，拟定了《进一步做大做强国家加工贸易产业园实施方案》，提出"2025年示范区城乡社区服务体系建设"规划，进一步促进城乡融合。

三是绿色发展。信阳市、郑州市和驻马店市排名较高，三个地市对生态环境和可持续发展有较高的重视程度并积极作为，包括社会能源消耗、绿色产业发展、环境监管和管理等方面的工作，推动了城市可持续发展和生态环保工作进程。信阳市积极推进生态建设，实施多项生态修复工程，提高了城市的绿化覆盖率和生态环境质量；郑州市和驻马店市坚持把环保工作放在首要位置，通过政策引导、体制管控等加大耗能监管和污染治理，有效保护了生态环境和提高了生活质量。

四是开放发展。郑州市、洛阳市和南阳市排名较高，说明其在对外影响力、吸引外资能力和国际合作能力等方面具有较高水平。郑州市依托航空港区，加快推进航空物流、跨境电商、国际会展等开放型产业的发展，对接国内外优质资源不断拓展开放合作空间；洛阳市积极参与“一带一路”建设，加强共建国家的合作，推动了洛阳的先进装备制造、新材料等产业与国际市场对接，同时深化口岸合作，增加对外影响力；南阳市依托综合保税区这一国家级平台，加快推进保税加工、保税物流等建设，极大提高了开放型经济水平和发展质量。

五是共享发展。排名前三位的为南阳市、周口市和信阳市，表明其在经济社会发展水平、教育和医疗卫生服务均衡发展等方面取得了较好成绩。三市分别在资源整合共享、促进教育公平和质量提升、提高基层医疗卫生服务水平和城乡一体化发展等都作出了重要举措，积极探索“共建、共治、共享”路径，实施优势互补策略，旨在实现经济社会发展的成果普惠全民。

第四节　河南省经济高质量发展面临的问题及成因

一、河南省经济高质量发展现存的主要问题

（一）农业处于价值链低端且产品附加值低

民生是第一政绩，河南省是国内人口和农业大省，2022 年农业总产值达 6948 亿元，稳居全国榜首。但相较于发达地区，河南省农业产业发展仍处于“小、散、弱”的阶段，2022 年社会民生得分仅为 0.0663，民以食为天，说明农业整体价值链还处于较低端位置，主要问题在于：

首先，农业产业集群发展不均衡。目前河南省农业产业集群现代化生产能力较弱且分布不均，河南省人民政府 2023 年公布的“农业产业化省重点龙头企业名单”中，信阳市数量最多，有 132 家，济源示范区最少，仅 13 家，且大部分农业生产仍处在初级加工阶段，档次较低且以低价位占据市场份额，缺乏自身的特色优势；其次，农业产业链协同创新力较弱。

河南省农业产业同质化生产运营严重，且产业链较短，缺乏推动型企业和协同创新机制，且在产品、设备、运营模式、技术升级等方面都缺乏足够的动能，对产业集群的升级优化造成了较大阻碍；最后，农业产业基础建设和人才体系不够健全。由于农业生产投入周期较长，资金需求量大，导致在道路、水电及其他配套服务设施修建方面不够完善，使产品附加值不高。且在产业集群发展中，人力资本起着决定性的作用，而现阶段河南省农业领域还缺少高知识水平的劳动力，以及高适配度的人才培养体系。

（二）工业的主导作用没有有效发挥出来

工业是实现经济高质量发展的基本保障，然而河南省工业经济在增长潜力和盈利能力方面都表现出动能不足的情况，近年来河南省工业经济增长速率在全国排名都处于靠后位置，近十年河南省经济运行增长值仅为0.0168，原因在于河南省的工业主导地位不够突出，且引导效用不够明显，主要问题在于：

首先，工业基础设施和结构不够完善。河南省工业结构偏重于传统制造业和劳动密集型产业，整体竞争力不强，难以形成新的经济增长点，甚至传统优势产业可能面临一定的产能过剩和低端竞争等问题。创新不足阻碍交通、通信、物流等基础设施的完善程度，并直接影响工业效率和成本；其次，工业转型升级缓慢。随着全球经济结构的调整和科技进步，传统工业需实现技术升级和结构调整，尤其对于地方经济来说，技术创新是推动工业发展的关键因素。如果河南省工业转型升级不够迅速，就难以维持持续的竞争力，并直接影响其主导作用的发挥；最后，工业发展受客观因素影响较大。工业企业发展离不开金融资金的支持，而河南省金融体系信贷资源是否可以满足现阶段需求是至关重要的，且随着环保标准的提高，很多传统工业可能面临着转型升级的成本压力。除此以外，对外开放程度和高素质人才数量也是影响工业整体发展的重要因素。

（三）具有高附加值的新兴服务发展较慢

发展是第一要务，河南省近十年创新驱动年均增长 0.0024，表明河南省的产业结构还不够完备，缺乏高新技术产业和现代服务业的支撑，导致了经济发展的不平衡，难以满足居民多样化的需求，也限制了河南省在全国产业链中的地位。主要原因在于：

首先，受地理位置影响。新兴服务业在各地间存在较为激烈的竞争，河南省作为内陆省份，在区位优势、经济总量和对外开放程度上与东部沿海一些省份相比存在一定差距，使资本和技术等更倾向于流向有明显比较优势的地区，相对减弱了河南省吸引和培育高附加值服务业的能力；其次，传统产业发展根深蒂固。2022 年河南省传统支柱产业增长 4.7%，占规模以上工业的 49.5%；而工业战略性新兴产业和高技术制造业分别增长 8.0%、12.3%，共占规模以上工业不到 40%，河南省作为一个传统工业和农业大省，在金融服务、现代物流、信息服务等高附加值新兴服务业方面存在一定劣势，缺乏较强的产业基础和产业链配套。且由于初期对投入的关注和资源较少，影响了新兴服务业的成长速度；最后，新型人才结构不适应。新兴服务业特别是需要较高知识和技能的行业，对人才有较高要求，河南省可能面临专业技术人才和管理人才不足的问题。一方面是教育资源分配的结构问题；另一方面是优秀人才可能因为就业和生活环境选择外流到一线城市，导致本地高技能人才短缺，从而导致高附加值的新兴服务发展较慢。

（四）交通枢纽优势没有转化为经济优势

河南省“十四五”规划中指出，2025 年要建成国际综合交通体系，近年来河南省以郑州为中心加大“铁、公、海、空”四路网络完善力度，着力建设郑州航空港经济综合实验区、黄河港航运枢纽等，地理及交通枢纽优势逐渐凸显，但这些优势并没有有效转化为高质量经济优势，主要原因在于：

首先，交通枢纽数智化水平不高。交通枢纽的效能不仅取决于交通工具和线路的数量，更在于配套的基础设施，如交通网络的连通性、物流配送中心的先进性以及相应服务体系的完备性。相关设施发展滞后或存在瓶颈，将难以充分发挥其枢纽功能，且河南省在“降本增效”方面还存在较大提升空间；其次，产业集聚效应较弱。河南省还未完全形成具有规模效应的产业集聚区和物流优势，“物流 + 产业”的理念还未完全落实。当前河南省产业链条完善程度不高、高新技术产业发展较缓，没有适配的产业结构和集聚经济作支撑，交通枢纽的优势转化就会存在制约性；最后，区域协调和对外开放发展不均。从地市经济高质量发展综合、单项指数可以看出，现阶段河南省的交通枢纽建设只有中心城区和部分地域能够获益，而对周边地区的整体带动作用不强、协同配合不够，从而降低了整体经济效益的提升。且相对于沿海地区以及其他发达地区企业外向型发展难度较大，对外交流合作和人才吸引招纳能力较弱，这些都阻碍了综合效益的最大化创造。

二、河南省经济高质量发展的对策与建议

（一）大力实施乡村振兴战略

我国要全面实现社会主义现代化，农业农村建设任务仍是重中之重，河南省作为全国重要的农业大省，加快推动乡村振兴战略实施对全省经济社会运行和高质量发展具有重要意义。具体发展对策包括：

第一，保障农业生产。加大农田水利等基础设施投入，促进土地整合治理和轮作休耕，推动农业科技，通过统一技术指导提升农田整体管理水平和现代化水平，建设高标准农田。同时发展农产品深加工及商业模式，构建农业产业链条，推动实行“数商兴农”；第二，加强农村建设。切实提高乡村居住和生产条件，改善交通、水利、能源等基础设施

以及农村电网、互联网等现代信息设施建设，拉近城乡信息“鸿沟”。加强乡村绿色生态文明建设，推动乡风文明，同时完善农村法律服务和公共政务服务，保障农村居民的合法权益；第三，改善农民生活。拓展农民增收渠道，创建特色村镇，发展乡村旅游和休闲农业，培养生产、营销、农业产业管理等多方面的新型技能农民。通过改善教育、医疗等公共服务和资源配置，确保农民生活质量不断提高，农村人口综合素质得到大幅提升。

（二）大力实施换道领跑战略

河南省实行以路带路、换道领跑战略，对传统行业拔高度和新兴产业抢先机有很大推动作用，也是推进河南省制造业转型升级的一项重要战略措施，对河南省工业整体竞争力的提升和制造强省的转变都有着重要的现实意义。河南省有望在转型升级的进程中实现换道领跑，成为内陆地区的经济增长新亮点，具体发展对策包括：

第一，加速产业结构调整与升级。重点培育新兴产业，大力发展以信息技术、高端装备制造、新材料、新能源、生物医药等为代表的主导产业，推动高科技、高附加值行业成为经济增长的新“引擎”。同时促进传统产业与新兴产业融合，通过智能化、数字化手段提升传统产业核心竞争力；第二，加强人才引育和创新能力提升。通过优化政策吸引高层次人才，尤其是在科技创新、企业管理、产业发展等关键领域的专业人才，同时提升本地教育水平，加大对职业教育和继续教育的培养力度，为换道领跑提供人才储备和技能支持。加强科技创新体系构建，促进产教研融合和科研成果转化，提高整体创新能力和效率；第三，推动基础设施建设与区域协同发展。提高河南省在国内乃至国际物流网络中的地位，打造区域交通枢纽和物流中心。实施开放驱动发展战略，通过“一带一路”等提升河南省对外开放程度、完善出口结构，并促进城市群、都市圈等发展模式，推动区域协调发展，形成更高效的区域经济布局。

（三）大力实施文旅文创融合战略

从近十年河南省经济高质量发展测度结果来看，河南省对外开放成效还不够明显，为加大外资投入和人才引进力度，河南省可通过巩固和提升文化旅游地位的同时推动文创产业持续健康发展，形成文化与旅游深度融合的良好态势。具体发展对策包括：

第一，深化文化与旅游资源的整合。充分挖掘河南省丰富的历史文化，整合各地文化遗产、民俗风情等资源，打造一批特色鲜明、富有吸引力的文化旅游产品，创建具有河南省特色的文化品牌，推动传统文化与现代文旅的深度融合，鼓励利用数字技术对传统文化进行创新性转化，提升文化内涵的传播效果；第二，推动文创产业的发展。建立以文化创意为核心的产业园区和孵化器，打造文创产业集群，鼓励跨界融合，将现代科技的创新成果与文旅结合，创造新型文旅消费场景。倡导开发具有地域特色的文创产品，提高文化的经济价值。第三，优化发展环境。制定相应的扶持政策，包括税收优惠、资金支持、人才培养等，为文旅文创产业的发展营造良好的政策环境。同时，提升服务品质与体验，提高旅游接待服务、景区管理等方面的标准和质量，增强口碑效应，形成良好的旅游氛围和文旅品牌形象。扩展合作与交流，通过引进外部优质资源和拓展合作渠道，为河南省的文旅文创融合增添动力。

（四）大力实施优势再造战略

为有效提升河南省经济发展质量，河南省可以依托其丰富的历史文化资源、广阔的市场空间等实施优势再造战略，打造具有区域竞争力的产业集群，积极融入国家发展大局。在创新驱动、科教兴省、人才强省三个方面进行重点发力，推动经济转型升级和高质量发展，具体发展对策包括：

第一，提高创新驱动力。通过构建创新体系、推动产学研结合、发展高技术产业和政策扶持与激励，集中资源和优势来推进科技创新。加强科技创新平台建设，强化企业与高校、科研院所的深度合作，推动科研成果的转化和应用，围绕电子信息、生物医药、新材料、智能制造等领域，打造一批有竞争力的高技术产业集群。同时通过财税优惠、融资支持等方式激励创新主体活力，对高新技术企业进行扶持，降低创新成本；第二，实施科教兴省战略。要不断完善教育体系、促进教育公平、提升教育质量并推动科技教育深度融合。加大对教育的投入，改善教学设施，培养高水平教师团队，提高基础教育和高等教育水平，尤其是加强农村和欠发达地区的教育发展，确保教育资源合理分布和教育机会均等。同时不断完善职业教育和成人教育，为社会提供多样化的学习和培训机会，提高科技教育的深度融合水平，培育创新型技能人才；第三，实施人才强省战略。通过对人才政策、培养体系、激励机制和交流平台的不断发展完善，为河南省强省计划提供人才支撑。出台更具吸引力的人才引进政策，为人才提供良好的居住、工作条件及更大的职业发展空间，更有针对性和适用性地建立与产业发展紧密相连的人才培养与供给机制，通过完善激励机制，激发科技人员的创新创造活力，同时建立人才流动和交流机制，促进国内外、城乡之间以及各行业间的人才交流。

参考文献

[1] 钞小静，任保平，许璐．中国经济增长质量的地区差异研究——基于半参数个体时间异质模型的检验 [J]．江西财经大学学报，2016 (1)：10-20.

[2] 陈明华，王哲，谢琳霄等．中国中部地区高质量发展的时空演变及形成机理 [J]．地理学报，2023，78 (4)：859-876.

[3] 褚钰，付景保，陈华君．区域生态环境与经济耦合高质量发展时空演变分析——以河南省为例 [J]．生态经济，2022，38 (5)：161-168.

[4] 付争江，郑之琦，屈小娥．数字经济高质量发展指标体系构建及实证分析——来自陕西省的经验证据 [J]．统计与决策，2023，39 (13)：28-32.

[5] 胡畔．中国经济高质量发展：一个文献述评 [J]．山西财经大学学报，2023，

45 (7): 43 - 53.

[6] 黄庆华，时培豪，刘晗．区域经济高质量发展测度研究：河南省例证 [J]．河南省社会科学，2019 (9): 82 - 92.

[7] 李梦欣，任保平．新时代中国高质量发展的综合评价及其路径选择 [J]．财经科学，2019 (5): 26 - 40.

[8] 李强．经济高质量发展评价指标体系构建与测度 [J]．统计与决策，2021，37 (15): 109 - 113.

[9] 刘文革，何斐然．中国经济高质量发展的指标体系构建及国际比较研究 [J]．经济问题探索，2023 (9): 15 - 33.

[10] 马立政，李正图．中国经济高质量发展路径演进研究 [J]．学习与探索，2020 (6): 100 - 107.

[11] 马茹，罗晖，王宏伟等．中国区域经济高质量发展评价指标体系及测度研究 [J]．中国软科学，2019 (7): 60 - 67.

[12] 任保平．从中国经济增长奇迹到经济高质量发展 [J]．政治经济学评论，2022，13 (6): 3 - 34.

[13] 任海军，崔婧．经济高质量发展评价指标体系构建与实证 [J]．统计与决策，2022，38 (13): 31 - 34.

[14] 苏丽敏，马翔文．经济高质量发展评价指标体系的构建 [J]．统计与决策，2022，38 (2): 36 - 40.

[15] 王蔷，丁延武，郭晓鸣．我国县域经济高质量发展的指标体系构建 [J]．软科学，2021，35 (1): 115 - 119 + 133.

[16] 王文举，姚益家．北京经济高质量发展指标体系及测度研究 [J]．经济与管理研究，2021，42 (6): 15 - 25.

[17] 吴刚，魏修建，解芳．区域对外开放、全要素生产率与经济高质量发展 [J]．经济问题，2022 (4): 108 - 115.

[18] 谢秀娟，陈茜茜．河南省经济高质量发展评价指标体系的构建与评价 [J]．投资与创业，2023，34 (5): 25 - 27.

[19] 闫丽洁，赵永江，邱士可等．黄河流域高质量发展指标体系构建与评价——以河南段为例 [J]．地域研究与开发，2022，41 (6): 37 - 43.

[20] 余泳泽，胡山．中国经济高质量发展的现实困境与基本路径：文献综述[J]．宏观质量研究，2018，6（4）：1－17.

[21] 张鸿，董聚元，王璐．中国数字经济高质量发展：内涵、现状及对策[J]．人文杂志，2022（10）：75－86.

[22] 张侠，高文武．经济高质量发展的测评与差异性分析[J]．经济问题探索，2020（4）：1－12.

[23] 张占仓．河南经济创新驱动高质量发展的战略走势与推进举措[J]．区域经济评论，2022（4）：70－78.

第十二章　河南省经济高质量发展的内在机制与实证分析

党的二十大指出“教育、科技、人才是全面建设社会主义现代化国家的基础性、战略性支撑，同时高质量发展也是全面建设社会主义现代化的首要任务”，河南省“十一届四中全会”明确提出，要大力实施创新驱动、科教兴省、人才强省，把创新放在发展的逻辑起点，放在现代化建设的重心，以教育优先发展，科技自立自强，以人才为先导，加速落实建设国家创新高地和全国重要的人才“枢纽”。这是对省委、省政府关于运用党的二十大精神推进“河南现代化”的一项重大措施。在当前阶段，要加快教育科技人才一体化的进程，夯实教育基础，加速科技创新，增加人才活力，以此保证河南省经济高质量发展。

教育科技人才一体化与经济高质量发展之间存在着密切的关系。在信息化、数字化、智能化的时代背景下，教育科技人才一体化与河南省经济高质量发展息息相关，互为促进。一方面，教育科技人才一体化可以满足河南省经济高质量发展对高水平科技人才的需求，因为人才的培养可以推动经济高质量发展的结构调整和助力河南省各个产业向数字化、智慧化转型；另一方面，在当前全球竞争加剧、产业结构调整的背景下，教育科技人才一体化能实现河南省具备应对挑战和创新的能力，能够引领和推动传统产业结构优化和新兴产业的发展。通过教育科技人才一体化，河南省可以进一步加强对新旧产业的技术研发和人才支持，增强科技创新能力，突破教育领域的创新，提高河南省人才的福利待遇，以提升河南省经济发展的质量和效益（冯江，2022）。

然而，目前教育科技人才一体化过程中也面临一些挑战和问题，例如政策层级不够多样化、科技和教育与人才的融合度不高、高等教育治理仍需完善、科技与教育的联合培养体系还未形成等。因此，深入研究教育科技人才一体化对河南省经济高质量发展的影响，既有助于推动经济高质量发展，也有助于优化教育科技人才一体化的进程（崔明明、赫富军，2023）。

第一节 教育科技人才一体化驱动河南省经济高质量发展的内在机制

一、基于要素结构分析的驱动机理模型

本章采用要素结构模型来分析教育科技人才一体化与经济高质量发展之间的内在联系与内在机理。由于整个模型是处于循环流动、相互影响的状态，同时也是一个有机的组合体系（崔明明、郝富军，2023）。根据教育科技人才一体化的特征，该部分为驱动模型的创新要素，也是整个系统的源头。同理，经济高质量发展作为创新驱动型经济的增长方式，也是整个创新要素结构系统的根本目标（见图 12 –1）。

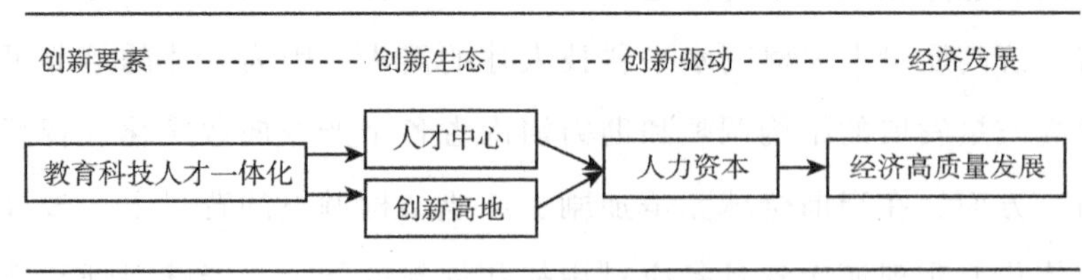

图 12 –1 教育科技人才一体化

从微观角度来看，两个系统包含的领域之间的确存在紧密的联系。教育科技人才一体化系统包括了人才领域、教育领域、科技领域，还有教育科技人才一体化领域。教育科技人才一体化涵盖了教育、科技、人才的基

本制度、政策、环境等，还包括保障性、辅助性要素。一体化则是教育、科技、人才协同发展、融合发展，需要三个领域之间相互配合、共同发展。经济高质量发展则是经济增长具有高附加值、以质量为主导为特征的经济增长，也是整个地区经济发展活力的展示。由于经济高质量发展同样表现在教育领域的进步、科技领域的发展、人才领域的提升，并且科技作为经济发展的第一生产力、人才作为经济发展第一资源、教育作为经济质量发展的第一动力，因此教育科技人才一体化不仅是经济高质量发展的源头，也是经济高质量发展的体现。

从宏观的角度分析，教育科技人才一体化的进程是河南省经济高质量发展的必要条件。党的二十大报告提出，教育科技人才一体化是全面建设社会主义的基础性、战略性支撑。教育科技人才一体化培养河南省的科学素养、人才素养，深入实施河南省的科教兴省、人才强省战略，不断加强河南省的现代化经济建设的基础性、战略性支撑。河南省经济高质量发展也要落脚于提高科技、教育、人才对经济增长的贡献率，有助于维持教育科技人才一体化的生态系统的活力。

二、一体化驱动高质量发展的内在机理

教育科技人才一体化作为创新要素，是驱动河南省高质量发展环节的基础。一方面，教育科技人才一体化能够实现人才和科研机构与企业之间的资源互换，有助于科研成果的产出；另一方面，教育科技人才一体化能够给教育平台带来创新，改善人才培养模式，着重培养适应未来河南省经济发展的人才。

科技、教育、人才之间各类要素的深度融合需要信息、知识、技术的支撑，在高校、政府和企业等主体的共同推动下，人才中心、创新高地两个创新生态系统由此而生。

在教育科技人才一体化的推动下，人才中心和创新高地作为创新生态，不仅可以提供高效益的人才产出，还是高质量科技发展成果的产生

地。教育科技人才一体化所催生的人才中心、创新高地能够聚集一大批不同领域的优秀人才进而推动区域性的经济高质量发展。河南省在教育科技人才一体化的带动下，拥有高密度的人才数量、高水平的人才级别、高效益的人才产出以及高品位的人才发展环境（萧鸣政，应验，张满，2022）。总之，人才中心、创新高地是整个环节中的创新生态，为下一步作为创新驱动的人力资本奠定了物质基础。

人力资本是经济发展的创新驱动力。在1906年的《资本的性质与收入》一书中，费雪首次提出了人力资本的概念，1960年，人力资本之父的舒尔茨认为，在当代人力资源是第一资源，其对经济的发展推动大于物质资本。由此不难看出，河南省的人力资本在教育科技人才一体化的过程中获得增强，是河南省经济高质量发展的重要驱动力量。

第二节　教育科技人才一体化驱动河南省经济高质量发展的实证分析

教育科技人才一体化驱动经济高质量发展是当前高质量发展阶段面临的重要任务之一。为了科学评估教育科技人才一体化对经济的驱动效果，构建一套科学准确的测度指标体系是至关重要的（潘文艳，2012）。本章旨在通过采用知网数据库作为文献资料来源，检索与人才强国战略、人才强省战略以及人才竞争力相关的论文，通过频度统计法选取相关度较高的文章的评价指标，初步建立教育科技人才一体化驱动经济高质量发展的测度指标的原始数据库。

教育科技人才的一体化驱动经济高质量发展具有重要意义。在当前快速变革的科技时代，教育科技人才的培养和引领不仅能够推动经济结构的转型升级，也能够促进科技创新的良性循环。因此，评价教育科技人才一体化对于经济的驱动效果具有重要的理论和实践意义。

一、指标体系构建

借鉴已有研究成果，从高等教育毕业生人数、全省 R&D 研究人员数、全省规模以上企业 R&D 人员合计、普通高等学校师生比、教育经费、专利水平、R&D 经费支出等 18 个维度构建教育科技人才一体化的指标体系。其中，人才方面由 3 个三级指标构成；教育方面由 3 个三级指标构成；科技方面由 3 个三级指标构成。同样的经济高质量发展的指标体系由四个维度构成，年度 GDP 总量、年度进出口总额、第三产业占 GDP 比重、年度财政收入来表示。

数据则源自 2013—2022 年的《河南省统计年鉴》以及 2022 年的《河南省统计公报》（遵循数据获取完整性、公开性原则，已知可获得数据源截至 2023 年度，其中有部分数据暂未发布，缺失项由 SPSS 临近点线性趋势方法补齐，数据采集最后截止时间为 2023 年 11 月 1 日）。具体指标体系如表 12 －1 所示。

表 12 －1　教育科技人才一体化指标体系和经济高质量发展指标体系

一级指标	二级指标	三级指标
教育科技人才一体化指标	人口水平	总人口
		城乡就业人口
		劳动力人口
	卫生水平	卫生总费用
		卫生技术人员数
		医疗卫生机构数
	生活水平	城镇居民人均可支配收入
		农村居民人均可支配收入
		城乡居民人民币储蓄存款年底余额
	教育水平	普通高等学校在校生人数
		普通高校师生比（教师人数 =1）
		教育经费

续表

一级指标	二级指标	三级指标
教育科技人才一体化指标	科技水平	R&D 经费支出
		科技活动人员
		科技活动产出
	人才水平	人才总量
		R&D 研究人员数
		人才效率
经济高质量发展指标	经济水平	年度 GDP 总量
		年度进出口总额
		第三产业占 GDP 比重
		年度财政收入

二、指标权重分析

根据河南省教育科技人才一体化子系统与河南经济质量发展子系统的整体发展水平和数据本身的特性，采用熵值法分析。根据吴平雄等的研究，运用熵权法测算教育科技人才一体化对河南省经济高质量发展的影响，步骤如下。

（1）数据标准化处理：由于各指标的量纲、数量级及指标的正负取向均有差异，需对初始数据做标准化处理。针对正负 2 类指标是有两种不同的处理方式，而本章所引指标均为正作用指标，因此仅使用正作用指标的处理，其标准化处理的方法如下：

$$X'_{ij} = \frac{X_{ij} - \min X_j}{\max X_j - \min X_j} \quad \text{（式 12 - 1）}$$

（2）计算第 i 年份第 j 项指标值的比重。

$$Y_{ij} = \frac{X'_{ij}}{\sum_{=1}^{m} X'_{ij}} \quad \text{（式 12 - 2）}$$

（3）指标信息熵的计算。

$$e_j = -k\sum_{i=1}^{m}(Y_{ij} \times \ln Y_{ij}) \qquad (式 12-3)$$

令 $k = \frac{1}{\ln m}$，则有 $0 \leqslant e_j \leqslant 1$，且当 $Y_{ij} = 0$ 时，令 $Y_{ij} \times \ln Y_{ij} = 0$；

（4）信息熵冗余度的计算。

$$d_j = 1 - e_j \qquad (式 12-4)$$

（5）权重的确定。

$$w_i = \frac{d_j}{\sum_{j=1}^{n} d_j} \qquad (式 12-5)$$

其中，X'_{ij}和 X_{ij}分别为第 i 年第 j 项单项指标标准化后的值和最初值，$\max X_j$和 $\min X_j$分别为各个年中第 j 项单项指标的最大值和最小值。m 为评价年数，n 为指标数。其结果见表 12-2。

表 12-2　　评价指标体系及其权重

二级指标	三级指标	冗余度	权重
人口指标	总人口（万人）	0.102982	0.042466
	城乡就业人口（千人）	0.081665	0.033675
	劳动力人口（万人）	0.075298	0.031050
卫生水平	卫生总费用（亿）	0.113556	0.046826
	卫生技术人员数（万人）	0.126244	0.052058
	医疗卫生机构数（个）	0.312949	0.129048
生活水平	城镇居民人均可支配收入（元）	0.102097	0.042101
	农村居民人均可支配收入（元）	0.111733	0.046074
	城乡居民人民币储蓄存款年底余额（亿元）	0.123510	0.050931
教育水平	普通高等学校在校生人数（万人）	0.140445	0.057914
	普通高校师生比（教师人数=1）	0.141665	0.058417
	教育经费（万元）	0.127252	0.052474
科技水平	R&D 经费支出（万元）	0.148556	0.061259
	科技活动人员（人）	0.119964	0.049468
	科技活动产出（篇）	0.150913	0.062231

续表

二级指标	三级指标	冗余度	权重
人才指标	人才总量（万人）	0.120959	0.049879
	R&D 研究人员数（人）	0.200660	0.082745
	人才效率（万人）	0.124587	0.051375
经济高质量发展指标	年度 GDP 总量（亿元）	0.111874	0.235888
	年度进出口总额（亿元）	0.137366	0.289637
	第三产业占 GDP 比重（%）	0.128939	0.271869
	年度财政收入（亿元）	0.096088	0.202604

按照上述方法确定指标权重，分别计算各单项指标的权重。根据所构建中的教育科技人才一体化评价指标体系和方法，采用加权函数得到教育科技人才一体化各子系统以及河南省经济高质量发展指数及其变化趋势。其计算公式为：

$$S = \sum_{i=1}^{4} \sum_{j=1}^{n} (X'_{ij} \times w_i) \qquad \text{（式 12-6）}$$

式中：X'_{ij} 为各教育科技人才一体化子系统对应的单项指标的标准化值，$\sum_{j=1}^{n}(X'_{ij} \times w_i)$ 为教育科技人才一体化子系统发展指数的评价值，S 为河南省经济高质量发展系统指数的综合评价值，具体见表 12－3。

表 12－3　教育科技人才一体化与经济高质量发展综合值

年份	教育科技人才一体化系统综合值	河南省经济高质量发展系统综合值
2013	0.077352	0.01
2014	0.130893	0.077655
2015	0.206670	0.205459
2016	0.243489	0.334649
2017	0.331246	0.429046
2018	0.415809	0.549190

续表

年份	教育科技人才一体化系统综合值	河南省经济高质量发展系统综合值
2019	0.542826	0.566426
2020	0.723018	0.805197
2021	0.845450	0.905046
2022	0.906444	0.818317

三、耦合协调度分析

为研究教育科技人才一体化与河南省经济高质量发展的相互关系、相互影响，本章采用耦合协调模型进行分析（李长松、周玉玺，2022），定量地分析教育科技人才一体化与经济高质量发展之间的相互作用程度，具体地展现了两个不同系统间的协调水平和发展层次。算法如下：

$$C = 2 \times \left\{ \frac{f(x) \times g(x)}{[f(x) + g(x)]^2} \right\}^{\frac{1}{2}} \qquad (式\ 12-7)$$

$$T = \alpha \times f(x) + \beta \times g(x) \qquad (式\ 12-8)$$

$$Z = \sqrt{C \times T} \qquad (式\ 12-9)$$

式中：C 为耦合度；T 为综合协调指数；D 为耦合协调度；$f(x)$ 和 $g(x)$ 分别表示教育科技人才一体化和经济高质量发展得分，数值越大表明对应的一体化和高质量发展程度越高；而 α、β 是待定权数，反映教育科技人才一体化与经济高质量发展的影响系数，假定教育科技人才一体化和经济高质量发展同等重要，故令 $\alpha=\beta=0.5$。同时根据耦合度协调度的判别标准及划分类型一览表（见表 12-4、表 12-5）。

表 12-4　　耦合度协调度的判别标准及划分类型一览表

Z	类别
$0 \leqslant Z \leqslant 0.4$	失调
$0.4 \leqslant Z \leqslant 1.0$	协调（包括初级、中级、高级）

表 12－5　教育科技人才一体化与经济高质量发展耦合协调及影响因素研究

年份	耦合度 C	综合发展指数 T	耦合协调度 Z
2013	0.636783	0.043676	0.166770
2014	0.966867	0.104274	0.317520
2015	0.99999	0.20606	0.453942
2016	0.987490	0.289069	0.53427
2017	0.991692	0.380146	0.61399
2018	0.990401	0.482500	0.691280
2019	0.999773	0.554626	0.744648
2020	0.998553	0.764107	0.873499
2021	0.99942	0.875248	0.935275
2022	0.998693	0.862381	0.928038

经过 Excel 软件计算，教育科技人才一体化水平与经济高质量发展水平及耦合协调度由图 12－2 表示：

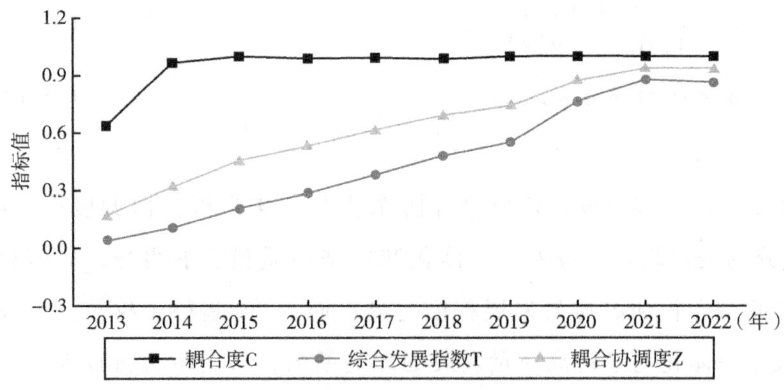

图 12－2　2013—2022 年河南省教育科技人才一体化与经济高质量发展及耦合协调度

河南省 2013—2022 年教育科技人才一体化系统与经济高质量发展系统的耦合协调度处于稳步上升状态，根据耦合协调度的判别标准及划分类型一览表，2013—2022 年河南教育科技人才一体化指数和经济高质量发展综合指数从 0.043676 上升到 0.862381，从 2013 年的失调状态发展到 2022 年的高级协调状态。本章中，耦合度 C 代表教育科技人才一体化与经济高质量发展的耦合效应的强弱。2013—2022 年河南省教育科技人才一体化与经济高质量发展耦合度呈逐年上升趋势，从 2013 年的 0. 636783 上升到 2022 年的 0. 998693。说明河南省教育科技人才一体化与经济高质量发展两大系统是持续协调运行的，保证了教育科技人才一体化和经济的稳定发展。耦合协调模型的综合评价值 T 描述了两个子系统的整体发展水平对耦合协调度的贡献程度。综合评价值越大，各子系统的开发对耦合协调度的贡献就越大。相反，综合指数越小贡献越小。本章中，河南省教育科技人才一体化与经济高质量发展综合评价指标描述了河南省科技创新与经济高质量发展对两个系统耦合协调度的贡献，说明自 2013 年以来，两个子系统的整体发展对其耦合协调度的贡献有所增加。耦合协调度 Z 描述了 2013—2022 年教育科技人才一体化与经济高质量发展两个子系统的耦合协调度的变化情况，从 2013 年的 0. 166770 上升到 2022 年的 0. 928038，从失调状态转变成高级协调状态。通过以上结果分析，教育科技人才一体化与河南省经济高质量发展良好，教育科技人才一体化对河南省经济高质量发展的贡献指数较高，教育科技人才一体化与经济高质量发展的协调度良好。

第三节　教育科技人才一体化驱动河南省经济高质量发展的对策与建议

教育科技人才一体化是指将教育、科技和人才作为一个有机整体，实现协同发展和共同提升的战略目标。在这一过程中，科技是主要的动力源泉，是推动经济社会高质量发展的重要支撑和引领力量。河南省作为我国中部地区的重要省份，面临着转型升级和创新发展的紧迫任务，需要实现科技的自强自立，提升科技创新能力和水平，在整个科学研究框架中发挥更大的作用。

为了实现教育科技人才一体化，河南省需要借助教育和人才的力量来加快科技的发展进步，提高科技创新的效率和质量。

一、教育方面

（一）创新管理体制

进一步理顺地方高校与省、市间的关系，建立以“市—校”为主体的高校地方融合发展管理体制，推动地市加大对高校的资金和政策支持力度，提升学校办学软硬环境。

（二）探索建立研究生合作定向培养机制

积极争取国家扩大对研究生和博士生学位收取和研究生的招生规模，加强与国内知名高校合作，探索定向培养博士和硕士研究生。扩大博士后招生规模，弥补博士研究生招生的不足。

（三）推动高校“三位一体”联动发展

实现高校优势、学科建设与高校产出“三位一体”发展，不断强化学校优势，突出学科特色，提高人才培养质量，实现学科专业与产业链、创新链、人才链的匹配，更好地服务地方经济转型升级。

（四）做深做实高校结对帮扶机制

在高校领导班子建设、学科建设、研究生招生等方面建立协助帮扶机制。如有组织选拔中青年优秀专家学者到结对帮扶高校挂职，加强高校领导班子建设，推动学科建设和人才培养质量。

二、科技层面

（一）加强科技顶层设计，完善政策法规保障

科技创新是一个系统性、全局性工程，需要加强全方位统筹规划和协

调推进，从供给侧发力，不断发展和完善实际政策支持，加强创新引领作用，明确科技创新的目标和重点任务，具体对策建议如下：

第一，突出政策叠加效应。要加大对科学技术的支持，首先要建立健全相关政策。这包括制定明确的科技政策方向，为科学研究和技术创新提供明确的指导。同时，政府还需要构建统筹协调的创新治理机制，确保各部门之间的协同作用，并注重与企业、高校和科研院所的密切合作，共同推动科技创新。最后，我们需要加强对科技创新活动的引领和服务作用。政府应该建立科技产业发展规划，明确科技创新的重点领域和方向，并提供相应的支持和指导。

第二，完善知识产权的保护体系。为更好地服务创新主体，要切实维护创新者合法权益，加快制定商标一般违法判断标准，推进跨地区跨部门执法保护协作，加强国内试点示范区建设，同时，着力防范海外风险，加强海外知识产权纠纷应对机制建设，做好源头保护工作；完善知识产权的保护体系需要综合各种措施，从政策、法律、执法和教育等多个方面进行改革和完善，以更好地服务创新主体，维护创新者的合法权益，并促进创新和经济发展的良性循环。

第三，推动财税政策落地实施。通过构建科技创新绩效评价体系，对科技创新项目的实施效果进行评估和考核，可以有效地促进科技创新的发展和推动项目的成功实施。此外，政府可以通过制定和完善科技创新税收优惠政策来鼓励企业加大科技创新投入，并提高企业的科技创新能力。例如，通过减税、免税、抵扣等方式，鼓励企业加大科技创新投入，提高企业的科技创新能力。

（二）注重科技基础建设，加大科技金融支持

科技和金融结合，通过风险投资、股权投资等方式，为科技成果转化提供资金支持。加大科技基础设施建设投入。

第一，加大政府在基础研究方面的投入，政府可以设立专项资金，用

于支持科技基础设施建设，强化公共创新体系建设。围绕重点领域和行业发展需求，通过引入先进的科学技术，如云计算、大数据、人工智能等，提升科技基础设施的水平，加快建设一批专业水平高、服务能力强、产业支撑力大的科技创新平台。与此同时，加强新型基础设施建设。围绕物联网、5G 移动通信等领域布局建设新型基础设施，提升创新发展的动力支撑。

第二，满足金融科技服务的需求。强化金融供给。政府可以通过政策引导和市场机制，鼓励金融机构加大对科技创新的支持力度，提供更多的金融资源和服务，满足科技创新的需求。建立科技创新融资平台。通过建立科技创新融资平台，为科技创新提供更加便捷的融资渠道和金融服务，促进科技创新的发展。加强科技与金融的深度融合。推动科技与金融的深度融合，创新金融产品和服务模式，为科技创新提供更加全面和高效的金融服务。

第三，构建多维度科技金融服务网络，统筹省级创投政策，推动科技金融服务和产品创新。针对具有创新能力和较高成长潜力的高科技企业，推出一系列专属科技金融产品，如科技创新贷款，以满足其融资需求。同时，积极引进和培育创业投资和天使投资机构，加速优质企业在创业板、科创板、新三板等市场上实现挂牌融资，从而实现线上平台的共联共享。此外，还致力于构建债权、股权、基金和上市市场的联动，以形成现代科技金融综合服务生态。

（三）提升科技成果转化，深化科技创新改革

第一，提升科技成果的转化率。河南省需要采取积极的措施来培育和壮大科技服务企业，并逐步建立完整的科技服务产业链。推动科技成果推介、科技成果交易、专利保护、项目申报指导、资本市场孵化指导等科技服务企业的发展，满足不断增长的科技需求。推进科技孵化新业态发展，大力拓展科技相关法律、信息、咨询等支撑性服务，加速科技成果的转化和商业化，为经济高质量发展提供动力，并为科技创新提供更广泛的支持。与此同时，科技服务企业也将在这样的环境中蓬勃发展，为科技创新领域提供

更多、更优质的服务，推动科技创新的实际应用和经济的高质量发展。

第二，加强科技创新改革，增加科技投入，加强基础研究，促进创新主体发展，建设重大创新平台进而推动科技成果转化，完善标准化、反垄断和知识产权保护等方面的法律法规。同时，完善河南省关键核心技术攻关体制机制，积极融入国家关键核心技术攻关新型举国体制，建立我省关键核心技术攻关体制机制，加快实施一批重大科技项目，以争取取得具有原创性、能够推动重大技术突破甚至产业变革的科技成果。此外，完善科技成果综合评价机制，以郑州市都市圈为试点，建立能够准确反映科技研发能力、成果创新水平和社会贡献的科技成果综合评价机制，以质量、效益和贡献为导向。

第三，促进科技开放合作，面向全球组织资源要素，主动融入全球创新网络，提升各类创新主体通过开放知识网络利用各类创新资源的能力，推进科技创新平台建设，积极打造协同创新共同体；在加快承接产业转移的同时，开展跨省域创新合作，与国内外科研院所和创新型企业合作，探索异地研发平台建设模式，以科技创新团队、技术创新联盟等方式开展委托或合作研发，促进创新资源双向开放和流动；加强机制性科技人才交流，培养国际化青年科研人员，加强国际科技创新合作能力建设；推动一流科研机构和企业在河南省建立合作研发机构。

三、人才方面

（一）实施教育科技人才一体化战略

“教育、科技、人才是全面建设社会主义现代化国家的基础性、战略性支撑。”在党的二十大报告中，“教育、科技、人才”被提到更加重要的位置。近年来，随着经济结构的转型升级，不少地区对人才的渴求日趋激烈，纷纷抛出各种橄榄枝大力吸引高端人才，使人才工作竞争日益激烈，这就需要加大宣传，如通过《河南人才发展报告》大力宣传河南省的人才政策和实践，持之以恒聚人才，久久为功抓人才。

（二）瞄准国家创新高地和人才中心建设目标

加快建设国家创新高地和全国重要人才中心，是河南省委对河南省人才工作作出的顶层设计和战略谋划。在今后一段时间内，河南省人才工作需要坚持站位全局，着力服务“十大战略”，在具体谋划推进本届大会整体设计和活动安排时，要始终贯穿服务“十大战略”主题主线，把推动国家创新高地和重要人才中心建设作为提升工作水平的战略支点，着力推动人才链、产业链、创新链精准对接、高效贯通、深度融合，为“十大战略”落地落实汇聚了人才和智力支撑。

（三）加快区域城市间人才一体化发展

在“深入实施区域协调发展战略”的指引下，国内京津冀协同发展、长三角一体化发展、珠三角—粤港澳一体化深入推进，以经济一体化为主的发展，推动了区域内教育、科技和人才等要素资源的共享共治。为此，在郑州市都市圈上升为国家战略的背景下，河南省可借鉴长三角及珠三角地区的先进经验，加快构建郑州市都市人才发展生态圈，积极探索人才共享机制，努力实现“人—产—城”融合发展。如在“都市圈”内创建人才改革试验区，探索创新人才引进、使用和评价的体制机制，尽快形成一批可复制可推广的经验。

（四）构建以“服”为主的综合引才政策体系

各地结合经济社会发展需要，积极探索创新人才优惠政策，打造一站式人才服务平台，涵盖人才生活、工作、发展等各方面。如广东省 2018 年开始推出“人才优粤卡”制度，并在今年更新申请方式和制度细则，为人才提供户籍办理、安居保障、子女入学、社会保险、港澳签注、停居留和出入境、小汽车指标、医疗便利服务、特设岗位聘用、职称申报等优惠政策。

四、教育科技人才一体化

（一）推进顶层统筹规划，构建协同治理体系

教育科技人才一体化是推动经济高质量发展的迫切要求和强大驱动，同时为经济高质量发展提供外在保障和内在支撑。在政策层面，加强对教育科技人才一体化和经济高质量发展的顶层设计，制定相应的战略规划和措施，对构建一体化协同治理体系有重要意义。

第一，明确目标引领。以国家创新高地和重要人才中心为指引，围绕河南省医学科学院、中原医学科学城、中原农谷的“三足鼎立”创新大格局，努力打造环省科学院创新生态圈。一体化的发展需要以河南省经济高质量发展为核心，同时应涉及教育、科技和人才各个领域，确保政策之间的协同性和一致性，避免产生矛盾或冲突的情况，推动科技在省内的创新和应用，加强高质量人才的引育力度，进一步促进河南省经济高质量发展；第二，坚持问题导向。坚持以社会实际问题为中心，加强“三位一体”的教育、科技和人才培养，并且在科技创新和人才培养过程中，要把重点放在解决经济提质增量、社会全面发展等实际问题上。增强科学创新与人才培养的实用性与针对性，促进科技成果的转化与运用，推动教育、科技与人才的有效融合，使其在经济和社会发展中发挥更大的作用。第三，加强政策法规的制定和执行。政府应加强对教育、科技、人才等领域的政策法规进行统筹规划和协调管理，确保各项政策法规之间相互衔接、协同作用。河南省各项法规体系已逐步完善，但还存在一定的局限性，彼此之间缺乏必要的衔接，不利于一体化整体的发展，要根据经济高质量发展需要不断完善法律和政策保障，促进教育科技人才一体化的创新和发展，推动教育科技在经济高质量发展中发挥更大作用。

（二）健全系统发展机制，提升协同治理能力

教育、科技和人才的融合，既要有制度的保证，也要具备灵活韧性的

体制机制。这三种工作体系体量庞大且还处于发展完善当中，要形成完整、合理的一体化布局，除了要构建现代化的治理体系，还要通过建立健全体制机制、提高治理能力，共同实现协同发展目标，具体策略如下：

第一，提升系统规划能力。把握系统治理、综合治理、依法治理、源头治理的思想逻辑，健全教育科技人才一体化发展的长期战略规划，制定系统间统筹发展的总体目标，制定切实可行的行动方案，以现代化强国视角审视各项工作开展，致力于解决各部门之间的矛盾和问题。深化体制机制改革，打破固有观念和发展障碍，引导形成高自主能动性的联合系统，共同促进河南省整体发展；第二，提升整合协作能力。河南省需要通过建立跨部门的协作机制，建立协同创新平台和机制，促进资源共享和优势互补。首先，要建立跨部门工作小组，确保教育科技人才各职能部门间的相互协调；其次，明确各部门合作方案，清晰各自角色和职责，避免出现工作重复或者角色不清的情况；最后，加强信息互通和数据共享能力，为制定更好的政策、方案和项目提供重要支持；第三，提升科学治理能力。到目前为止，教育科技人才一体化发展与经济高质量发展实际结合的相关理论研究相对较少，评价体系研究成果也较少。应加强从多学科的角度对教育、科技、人才与经济发展质量之间的相互作用进行研究，整合政治、教育、经济等学科的研究成果进行深入认识其内在关系，这对建设社会学科体系、构建相关评价体系、推动经济社会融合发展有重要作用。

（三）优化平台资源配置，加强系统内外联动

从现代化体系的支撑条件来看，教育科技人才一体化和经济高质量发展需要有人力、物力、财力和制度等的保障。整体资源配置达到最优是实现一体化与经济高质量发展内外循环的重要基础，也是推动区域经济一体化发展的重要手段，具体策略如下：

第一，建立资源共享平台。通过教育、科技、人才等领域的资源共享平台，实现资源互通和共享，提高资源利用率。通过提供资金支持、税收

优惠等措施，引导企业、高校、科研机构三方共同参与平台建设，搭建开放式创新平台，推动科技创新和产业发展的深度融合，推动资源整合和优化配置；第二，加强区域合作联动。通过制定相关政策和规划，推动区域间的协调整合，实现优势互补和协同发展，加强不同地区之间的教育、科技、人才等领域持续学习适应，促使经济社会构建良性循环的新统一体。同时，要注重与国际接轨，建立高水平对外开放合作关系，学习国外先进的经验和理念，推动河南省发展与世界领先技术相融合；第三，加强系统安全与风险管理。教育、科技、人才三大领域的内部结构十分复杂，当融合形成一个新的系统时，必然会引起社会组织模式的巨大变革，为减少经济社会脆弱性，政府应发挥主体效用通过完善相关政策法规，加强监管和风险评估，进行即时评价和调整，保障系统的安全稳定运行。

参考文献

[1] 何菊莲，陈郡，梅烨．基于经济高质量发展理念的我国高等教育人力资本水平测评［J］．教育与经济，2021，37（6）：44－52.

[2] 高春亮，李善同．财政分权、人力资本与高质量增长［J］．财政研究，2019（9）：21－32.

[3] 王虹宝．东北三省经济高质量发展测度及影响因素研究［D］．哈尔滨：哈尔滨商业大学，2022.

[4] 魏敏，李书昊．新时代中国经济高质量发展水平的测度研究［J］．数量经济技术经济研究，2018，35（11）：3－20.

[5] 章百家．改革开放与中国的变迁［J］．经济导刊，2018（7），20－31.

[6] 张鸿帅，张思源，王春枝．人力资本对经济高质量发展的影响——教育与健康资本的双重视角［J］．统计学报，2022，3（2）：16－30.

[7] 张联锋．科技创新对经济高质量发展耦合协调及影响因素研究——基于河南18个地市2010—2020年的数据分析［J］．河南科技，2023，42（3）.

后 记

2021年，我出版了博士后研究期间的成果《人力资源开发与河南省经济增长》，该书利用统计年鉴的数据，第一次全景式反映了河南省近20年来人力资源开发的全貌，提出了河南省人力资源优化配置可采用内育外联的“双轮驱动”战略，对内加强人力资源开发（挖掘源头活水），对外遵循人才共享（借助他山之石）的“两手都要抓，两手都要硬”的基本思路，为人口大省和中西部欠发达地区实现将“人口红利”转化为“人才红利”，在全国赢得人才主动权提供了理论指导和实践路径。

人力资源开发是一件相当不容易的事情，也是一门大学问，涉及多学科和多因素，也必然是一个长期且需要持续探索的过程。近年来，笔者一直在积极开展理论探索和实践创新。例如，在河南省人才集团挂职，参与政府业务部门的人才规划，开展系列人才理论研究和大量的企业调研，并借助中国人事科学研究院组建的全国人事人才研究网，与国内外人才领域的研究专家和实践者开展了卓有成效的交流，为人力资源开发提供了新的思路和视角。

正是有了这些积累，笔者决定再写一本关于人力资源开发的著作，系统总结本人近年来的一些思考和探索，并将本人开展的部分政府决策咨询的工作成果融入其中，有些决策建议还得到了官方的认可和采纳。在研究视角上，本书延续了上本著作的基本思路，采用整体性思维，从教育、科技和人才一体化的角度出发，深入探讨中西部尤其是人口大省河南省人力资源开发的战略重点和关键路径。当前，河南将创新驱动、科教兴省、人才强省战略放在“十大战略”之首，把创新摆在发展的逻辑起点，加快建设国家创新高地和全国重要人才中心，积极争创国家吸引集聚人才平台。笔者希望本书的出版能为河南省加快建设“三足鼎立”的创新大格局，积极实施创新第一战略贡献绵薄之力。

写书是一件极其艰辛的事情，需要收集、分析和总结大量的资料。书稿的顺利完成，得益于多位老师和学生的帮助，我对他们的付出致以诚挚的谢意。河南财经政法大学林万成副教授、郑州大学薛建龙博士在全书框架的确定、调研单位的联系以及政策建议等方面提供了十分有益的帮助。河南职业技术学院的段石榴和童俊艳两位老师，在职业教育建设和人才政策分析等方面给予了大力支持。研究生董一鸣、王明胜、贾国鹏、卢艺杰参与了我的多个人才研究项目，他们撰写的研究报告为本书提供了不少参考资料。李雪菲、李雯露、王玉佳、朱思宇、刘怡彤、王明珠、张文静、刘晗等多位本科生在统计资料收集、数据分析等方面开展了极富成效的工作。

感谢我的妻子刘俊苹女士对我研究工作的全力支持，她在自己繁重的工作之余，照顾孩子和承担家务，让我安心研究、专心写作。感谢中国人事科学研究院提供的研究平台、河南省委人才办高志刚处长以及相关政府部门的大力支持。感谢中国财政经济出版社李昊民主任和杨然女士在编辑方面给予的大力支持与辛勤付出，他们认真、严谨的专业精神让我感动。

王长林

2023 年 10 月 18 日